Veröffentlichungen der Turbinentechnischen Gesellschaft E. V.

III.

Theoretische Berechnung

einer

Schleuderpumpe

auf Grund von Versuchen.

Von

H. C. A. LUDEWIG

Professor an der Kgl. technischen Hochschule zu Berlin,
Geh. Reg.-Rat

Erweiterter Sonderdruck

aus der Zeitschrift „DIE TURBINE" VIII. Jahrg. 1911/12

Heft I, II, III, V, VI, VIII bis XI.

Mit 31 Abbildungen

BERLIN W

VERLAG VON M. KRAYN

1912

VORWORT

Die bisherigen Bestrebungen, die theoretische Berechnung der veränderlichen Leistung einer Schleuderpumpe mit bezüglichen Versuchsergebnissen in Einklang zu bringen, haben noch nicht zu einem befriedigenden Erfolge geführt. In der vorliegenden Arbeit wird zunächst an einem einfachen Ausführungsbeispiele einer Zentrifugalpumpe, für welche Leistungsversuche vorliegen, gezeigt, wie die Versuchsergebnisse mit den Ergebnissen der Rechnung nach der bekannten älteren Theorie des mittleren Stromfadens so zur Übereinstimmung gebracht werden können, daß praktischen Anforderungen genügt ist.

Allerdings wird diese Aufgabe hier nur insoweit zur Lösung gebracht, als es gelingt, die Wasserlieferung für verschiedenen Förderhöhen und Umdrehungszahlen der Pumpenwelle unter Zugrundelegung der gegebenen Abmessungsverhältnisse der Pumpe zuverlässig zu berechnen. Die theoretische Berechnung der für den Betrieb der Pumpe erforderlichen Kraftleistung konnte hier noch nicht in gleichbefriedigender Weise vorgeführt werden. An dem behandelten Ausführungsbeispiele einer Zentrifugalpumpe sind Kraftmessungen nicht in so genügender Anzahl vorgenommen worden, daß hinsichtlich der Zuverlässigkeit derselben die nötigen Schlüsse gezogen werden könnten. Die besondere Aufgabe des Vergleiches des theoretisch berechneten Kraftbedarfes einer Schleuderpumpe mit entsprechenden Versuchsmessungen muß deshalb späterer Behandlung vorbehalten bleiben. Immerhin wird aber schon die hier nachgewiesene Ermöglichung einer zuverlässigen theoretischen Berechnung der veränderlichen Wasserlieferung für die praktische Anwendung des Vergleichsverfahrens von Rechnung und Versuch von Wert sein.

Mit Hilfe der nach einigen Probeversuchen ermittelten Berechnungsformel für die Wasserlieferung werden weiterhin die bei Pumpenversuchen gebräuchlichen Schaubilder abgeleitet, welche bei gleichbleibender Förderhöhe die Wasserlieferung nach veränderlicher Umdrehungszahl oder bei gleichbleibender Umdrehungszahl die Wasserlieferung nach veränderlicher Förderhöhe zu Darstellung bringen.

Insbesondere werden auch die für gleichbleibende Umdrehungszahl gültigen Schaubilder noch dazu benutzt, um die Ergebnisse der älteren Theorie nach den ihr eigentümlichen Schaufelstoßberechnungen, welche häufig hinsichtlich ihres Zutreffens angezweifelt werden, anschaulich zu machen. Dabei werden die über nach Versuchen gewonnene Schaubilder in der Literatur vorhandenen Angaben zum Vergleiche herangezogen. Auch die beim Anspringen einer Pumpe entstehenden Turbulenzzustände werden hinsichtlich ihres Einflusses auf richtige Aufzeichnung der Schaubilder näher untersucht.

Endlich wird noch gezeigt, wie aus einzelnen Pumpenversuchen, welche die Wasserlieferung für verschiedene Umdrehungszahlen und Förderhöhen ermittelt haben, sowohl Schaubilder für gleichbleibende Umdrehungszahl, als auch solche für gleichbleibende Förderhöhe aufgezeichnet werden können.

Charlottenburg, im April 1912.

Der Verfasser.

INHALTSVERZEICHNIS

Seite

BERICHTIGUNGEN

Seite 26 Zeile 19 v. u. lies w_a statt w^a.
„ 40 „ 13 v. u. „ i_a „ i^a.
„ 44 „ 15 v. u. „ a „ l.
„ 50 in Zahlentafel 1 für Versuch II lies 1,756 statt 1,820.
„ 50 „ „ 1 „ „ II „ 0,978 „ 1,017.
„ 50 „ „ 1 „ „ II „ 0,532 „ 0,493.
„ 50 „ „ 1 „ „ II „ 1,048 „ 1,131.
„ 53 Zeile 6 v. o. lies $r_a = 1,105$ statt $= 1,105$.

---

§ 1. Mangelnde Übereinstimmung theoretischer Berechnung mit Versuchsergebnissen.

Die Schleuderpumpen (Zentrifugalpumpen, Kreiselpumpen, Turbinenpumpen, Schaufelpumpen) haben große Verbreitung und Vervollkommnung erfahren. Für die Berechnung der Schleuderpumpen sind zahlreiche, in ihren Ergebnissen große Verschiedenheiten aufweisende Theorien aufgestellt worden.

Bisher ist es noch nicht gelungen, für eine dieser Theorien den Nachweis der Übereinstimmung ihrer Rechnungsergebnisse mit den Erfahrungszahlen der praktischen Ausführung so zu erbringen, daß Rechnung und Versuch für alle verschieden möglichen Betriebsarten einer und derselben Pumpe sich genügend decken.

Auf dem Versuchswege ist es allerdings möglich, an einer ausgeführten Pumpe zusammengehörige Werte von Wasserlieferung Q, Förderhöhe $\mathfrak{H}$ und Umdrehungszahl n der Pumpenwelle zu ermitteln. Soll aber die Berechnung dieser Werte durch eine analytische Beziehung von Q, $\mathfrak{H}$ und n erfolgen, so war dies bisher auch auf empirischem Wege nicht so zu erreichen, daß die analytische Beziehung unter Verwendung der Abmessungsverhältnisse der Pumpe allgemeinere Gültigkeit erhielt.

§ 2. Bisherige Bestrebungen behufs Übereinstimmung von Rechnung und Versuch.

Um diesem auch für die Bedürfnisse der ausübenden Praxis recht fühlbaren Mangel abzuhelfen, traten schon seit längerer Zeit Bestrebungen auf.

So berichtet Escher[1]) über von Hartig ausgeführte Pumpenversuche: „Die Hartigschen Versuche wurden . . an Hand der Zeunerschen Theorie nachgerechnet; es zeigten sich aber ganz bedeutende Abweichungen.“

---

[1]) Der Zivilingenieur, 1876, S. 638.

Ebenso sagt Wagenbach: „Bei Nachrechnung von Rädern mit rückwärts gekrümmten Schaufeln, die in der Versuchsanstalt für Wassermotoren ... zu Berlin ... untersucht worden sind, ergaben sich ausnahmslos Förderhöhe und Kraftbedarf wesentlich größer, als beim Versuch beobachtet worden war[2]."

Auch Biel hat es unternommen[3]), „die gebräuchlichen theoretischen Beziehungen zwischen Umfangsgeschwindigkeit, Schaufelabmessungen, Druckhöhe, Fördermenge und Kraftbedarf auf die konkreten Fälle der ... Versuche anzuwenden und zu prüfen, ob sich die Theorie mit den Messungen in Einklang bringen lasse." Biel sagt aber von seinen bezüglichen Untersuchungen: „Eine vollständige Lösung dieser Aufgaben bedeutet die vorliegende Arbeit noch nicht, vielmehr mußten ... Erklärungen und Deutungen herangezogen werden, die der weiteren Erprobung bedürfen."

In gleicher Weise war auch Hagens bestrebt, die Ergebnisse seiner Versuche mit gebräuchlichen theoretischen Berechnungen in Einklang zu bringen. Über den Mißerfolg solchen Vergleiches sagt Hagens[4]): „Die Ergebnisse der Versuche stimmen in keiner Weise mit der bisher üblichen Berechnung überein."

Hagens[5]) gibt bei Mitteilung seiner Versuche mit Kreiselrädern, welche, „sich grundsätzlich nicht von den Zentrifugalpumpen unterscheiden", an, „daß die üblichen Formeln zur Berechnung der Leistungen von Zentrifugalpumpen hier nicht zutreffen.... Die Unterschiede sind so groß, daß sie mit Meßfehlern, wie sie bei Versuchen von bestehenden Anlagen unvermeidlich sind, nicht erklärt werden können.... Berechnet man mit den gemessenen Werten ...nach den im Taschenbuch der Hütte (1902 I, S. 1150)[6])

---

[2]) Zeitschrift für das gesamte Turbinenwesen, 1908, S. 261.

[3]) Zeitschrift des Vereins deutscher Ingenieure, 1908, S. 442. Mitteilungen über Forschungsarbeiten, Heft 42, Berlin 1907.

[4]) Zeitschrift des Vereins deutscher Ingenieure, 1905, S. 1755; 1909, S. 1049.

[5]) Zeitschrift des Vereins deutscher Ingenieure, 1905, S. 807 und 808.

[6]) Vgl. auch Zeitschrift des Vereins deutscher Ingenieure, 1909, S. 1055.

gegebenen Formeln die Werte..., so erhält man das 2½ bis 3 fache des aus der Beobachtung hervorgehenden Ausdruckes.... Das Gleiche gilt von den Zeunerschen Formeln... Die mit den angegebenen Koeffizienten berechneten Werte... weichen um das Mehrfache von den gefundenen... Werten ab."

Auch Escher[7]) hat die Hagensschen Versuche behandelt und spricht dabei aus: „Das schöne Zahlenmaterial hat mich veranlaßt, die Versuche selbst eingehend nachzurechnen. Wenn ich dabei auch nicht dazu gelangt bin, die Versuche mit der richtigen Theorie in Einklang zu bringen...."

Über die Hagensschen Versuche sagt Biel[8]): „Ich habe ... versucht, diese Messungen... zu behandeln..., aber die Veröffentlichung unterlassen, weil sich daraus keine klare Einsicht ergab."

§ 3. Angebliche Nichtanwendbarkeit der hydraulischen Gesetze der Turbinentheorie.

Solche Erfahrungen mangelnder Übereinstimmung von bisher üblicher Rechnung und Versuch haben bereits dazu geführt, die Richtigkeit des Grundsatzes in Zweifel zu ziehen, daß die Berechnung der Schleuderpumpen nach denselben hydraulischen Gesetzen zu erfolgen habe, wie sie bei der Berechnung von Wasserturbinen als Kraftmaschinen gültig sind.

Hagens[9]) sagt: „Diese Unsicherheit ließ es wünschenswert erscheinen, von der Verfolgung aller Einzelvorgänge im Kreisel abzusehen und — ausgehend von einer Anschauung, bei welcher der Kreisel nicht als umgekehrte Turbine betrachtet wird — zu versuchen, Ergebnisse zu gewinnen, welche die Vorausberechnung dieser Maschine ermöglichen."

Die Nachrechnung der Versuche[10]) „ergab die Unmöglichkeit, die Ergebnisse mit den bestehenden Theorien in Ein-

---

[7]) Zeitschrift des Vereins deutscher Ingenieure, 1905, S. 1259.

[8]) Mitteilungen über Forschungsarbeiten, Heft 42, Berlin, 1907, S. 34.

[9]) Zeitschrift des Vereins deutscher Ingenieure, 1905, S. 807.

[10]) H. Hagens, Die Schaufelformen und Leistungen der Zentrifugalpumpen, Königsberg i. Pr., 1906, S. 6.

klang zu bringen, und führte dazu, die Leistungsberechnung auf anderem Wege zu versuchen".

Was hier von den einfacher gebauten Kreiselrädern gesagt ist, wird auch für die vervollkommneten, mit nachgeschaltetem Leitrade versehenen Schleuderpumpen behauptet, so daß Hagens zu dem Ausspruche[11]) gelangt: „Die Theorie der Zentrifugalpumpen ist in der Entwicklung zurückgeblieben, weil man glaubte, diese Maschinen als umgekehrte Turbinen betrachten zu müssen."

§ 4. Angebliche Undurchführbarkeit hydraulisch-theoretischer Berechnung.

Die Anwendung der hydraulisch-theoretischen Gesetze für Schleuderpumpen ist sogar als überhaupt aussichtslos hingestellt worden.

So sagt Biel[12]), „daß die nutzbare Druckhöhe von Umständen abhängt, die sich nach unseren jetzigen Erfahrungen rechnerisch nicht genau verfolgen lassen".

Ebenso spricht Blaess[13]) „von der Erfahrung..., daß es nicht möglich ist, in zuverlässiger Weise den komplizierten natürlichen Vorgängen in den Schleuderapparaten auf ‚rein hydraulischem Wege' nahe zu kommen". Blaess sagt: „Aus dem Vorteil, den der Besitz eines allgemeinen analytischen Gesetzes der Größen Q, $\mathfrak{H}$ und n bietet, läßt sich wohl das Bestreben erklären, dem man in der Literatur begegnet, auf hydraulisch-theoretische Weise diese wichtige Gleichung zu ermitteln..., kann es sich bei einem derartigen Versuch nur um eine angenäherte Ausmittlung von mehr empirischem Charakter handeln, nicht aber um eine Darstellung, welche weiterer analytischer Folgerungen fähig ist[14])." „Sucht man die Beziehungen, in denen Q, $\mathfrak{H}$ und n tatsächlich zueinander stehen, auf empirische Weise in ein analytisches Gesetz zu kleiden, so findet man, daß hierzu nicht eine Gleichung... zweiten Grades ausreicht, sondern daß stets ein viel verwickelteres Gesetz nötig wird, soll die natürliche Form auch nur annähernd treu wiedergegeben

---

[11]) Ebenda S. 5.
[12]) Zeitschrift des Vereins deutscher Ingenieure, 1908, S. 506.
[13]) Zeitschrift für das gesamte Turbinenwesen, 1907, S. 501.
[14]) Ebenda, S. 530.

werden. Der Grund hierfür liegt... in dem inneren Wesen der komplizierten Strömungsvorgänge, welche sich nicht mit den einfachen Mitteln der Hydraulik darstellen lassen. Trotz der scheinbar willkürlichen Form... herscht aber doch eine gewisse Gesetzmäßigkeit..., welche für die Praxis und für die Theorie der Schleuderapparate von größter Bedeutung ist[15]."

Von der Möglichkeit, die Abhängigkeit von Q, $\mathfrak{H}$ und n in Schaulinien darzustellen, sagt Bente[16]): „Die Form dieser Kurve ist von so vielen Größen (Eintritts- und Austrittswinkel im Lauf- und Leitrade, Ein- und Austrittsgeschwindigkeiten, Verhältnis vom Eintrittsquerschnitt zum Austrittsquerschnitt u. a. m.) abhängig, daß eine mathematische Gleichung dafür nicht aufgestellt werden kann."

§ 5. Zweck der Untersuchungen.

Bei den bisher vergeblich unternommenen Bestrebungen zur praktischen Anwendung einer theoretischen Berechnung für Schleuderpumpen und bei dem allgemein anerkannten Bedürfnisse einer solchen Berechnungsart muß es von gewissem Nutzen sein, die bisher mangelnde Übereinstimmung von Rechnung und Versuch dadurch zu beseitigen, daß ein praktisch gangbarer Weg angegeben wird behufs Erzielung solcher Übereinstimmung.

Bei den zu diesem Zwecke vorzuführenden Untersuchungen soll indessen auf theoretische Erörterungen nicht näher eingegangen werden, so auch nicht auf die großen Verschiedenheiten, welche schon in den theoretischen Voraussetzungen der zahlreich aufgestellten Pumpenberechnungen bestehen. Vielmehr soll — und zwar zunächst nur an einem einzelnen Ausführungsbeispiele — gezeigt werden, auf welchem Wege eine schon seit langer Zeit bekannte, also ältere Theorie in besonderer Berechnungsart dazu geeignet gemacht werden kann, mit der Erfahrung so übereinstimmende Ergebnisse zu liefern, daß dadurch praktischen Zwecken durchaus Genüge geleistet wird.

Nur insoweit sich bei diesem einzelnen Ausführungsbeispiele dazu Gelegenheit bietet, sollen auch für Schleuder-

[15]) Zeitschrift für das gesamte Turbinenwesen, 1907, S. 517.
[16]) Die Turbine, 1907/08, S. 249.

pumpen übliche Berechnungsarten zum Vergleiche herangezogen werden.

§ 6. Notwendigkeit von Probeversuchen.

Das angegebene praktische Ziel kann dadurch erreicht werden, daß zu der Berechnung des allgemeinen Verhaltens der nach ihren Abmessungsverhältnissen gegebenen Schleuderpumpen neben den aus den Abmessungsverhältnissen selbst sich ergebenden Bestimmungsgrößen noch ein besonderer Erfahrungswert, Vorzahl, Koeffizient, benutzt wird, welcher vornehmlich der besonderen Bauart und Aufstellungsart der Pumpe entspricht.

Dieser Erahrungswert kann allerdings insolange, als derartige Berechnungen zur Ermittelung des für einzelne Pumpenbauarten gültigen Erfahrungswertes noch nicht allgemeiner durchgeführt sind, für eine gegebene Pumpenausführung vorläufig nur unmittelbar auf dem Versuchswege selbst gewonnen werden.

Als Grundlage für die Ermittelung dieses Erfahrungswertes müssen also zunächst einige mit der ausgeführten Pumpe angestellte Versuche vorliegen. Die erforderliche Anzahl solcher Versuche kann sehr gering sein, wenn nur dabei Q, $\mathfrak{H}$ und n in möglichst zuverlässiger Weise gemessen wurden. Derartige Versuche, welche also lediglich die Wasserlieferung und nicht etwa auch zugleich den erforderlichen Kraftbedarf betreffen, mögen hier Probeversuche genannt werden.

§ 7. Zweifel an der Notwendigkeit und weitgehenden Brauchbarkeit der auf Probeversuche gegründeten theoretischen Berechnung.

Der Umstand, daß zunächst immer noch Probeversuche behufs Ableitung der für eine bestimmte Pumpenbauart gültigen Erfahrungszahl notwendig sind, könnte die Meinung erwecken, daß ein auf theoretischer Grundlage beruhendes Rechnungsverfahren überhaupt dann nicht mehr erforderlich sei, wenn bereits Versuche mit ausgeführten Pumpen vorliegen.

Danach könnten Zweifel entstehen:

„Wenn, wie dies die Vorbedingung der hier vorzunehmenden rechnerischen Ableitungen ist, einige Versuche mit der ausgeführten Pumpe angestellt werden müssen, um die Charakteristik der Pumpe zu gewinnen in ähnlicher Weise, wie dies schon heute allgemein üblich ist, so ist hiermit allen Bedürfnissen der Praktiker genügt, denn sie sind hierdurch in die Lage versetzt, die weiteren Schlüsse auf das Verhalten der Pumpe zu ziehen. Was darüber hinaus durch die zu errechnenden Erfahrungszahlen gewonnen wird, mag ein mehr theoretisches Interesse haben; doch sind ihm so enge Grenzen gezogen, daß der Praxis nicht in weitgehendem Maße gedient wird[17]."

Würden solche Zweifel berechtigt sein, so würde allerdings dem auf einige Probeversuche gegründeten Berechnungsverfahren kaum noch ein besonderer Nutzen zuerkannt werden können.

Es könnte schier heißen „Eulen nach Athen tragen", wenn es hier unternommen wird, die Vorzüge des theoretischen Berechnungsverfahrens gegenüber dem und neben dem rein empirischen Versuchsverfahren noch besonders nachzuweisen. Konnte doch bereits in § 2 von den häufig aufgetretenen Bestrebungen gesprochen werden, welche bisher vergeblich bezweckten, die Ergebnisse theoretischer Berechnungen mit bezüglichen Erfahrungswerten in Einklang zu bringen. Danach muß hier doch ein auch von dem ausübenden Fachmanne lebhaft empfundenes Bedürfnis vorliegen, noch neben dem allgemein üblichen Versuchsverfahren die theoretische Berechnung durchführen zu können.

Auch konnte in § 4 durch Stimmen aus der Praxis heraus belegt werden, daß lediglich auf dem Wege des Versuchs an einer gegebenen Pumpe das praktische Bedürfnis nach einem „allgemeinen analytischen Gesetze der Größen Q, $\mathfrak{H}$ und n" nicht zu befriedigen ist, und daß es überhaupt wesentlich praktischen Wert hat, „auf hydraulisch-theoretische Weise diese wichtige Gleichung zu ermitteln". Da aber trotz dieser Bekundungen die angeführten Zweifel von maßgebender Stelle geltend gemacht worden sind, so möge es gestattet sein, auf die erhobenen Einwände

[17]) Diese Zweifel sind an maßgebender Stelle gegen die Veröffentlichung des hier vorgeführten Vergleichsverfahrens von Rechnung und Versuch geltend gemacht worden.

hier noch besonders einzugehen und nachzuweisen, inwiefern durch theoretische Berechnungen, selbst wenn sie nur auf eine praktisch zu ermittelnde Erfahrungszahl gegründet werden können, doch „der Praxis in weitgehendem Maße gedient wird".

§ 8. Die übliche Ausführungsweise der Versuche.

Wenn es möglich ist, Pumpenversuche in weitreichenden Grenzen durchzuführen, so läßt sich auch das veränderliche Verhalten einer durchgeprobten Pumpe hinsichtlich möglichst zahlreicher, zusammengehöriger Werte von Q, $\mathfrak{H}$ und n feststellen.

Aber nur unter der Bedingung, daß die Messung der Wasserlieferung bei gleichbleibendem $\mathfrak{H}$ für verschiedenes n oder bei gleichbleibendem n für verschiedenes $\mathfrak{H}$ gültig ist, läßt sich durch Kurvenauftragung eine gewisse Übersicht über das Verhalten einer ausgeführt vorliegenden Pumpe bei geänderten Betriebszuständen gewinnen.

§ 9. Versuchsangaben ohne Mitteilung der Abmessungsverhältnisse.

Für die Frage, ob durch solche Versuche die Möglichkeit gegeben ist, „den Bedürfnissen der Praktiker" zu genügen, kommt zunächst in Betracht, mit welchen näheren, die Beurteilung ermöglichenden Angaben derartige Versuchsergebnisse bisher der Allgemeinheit zugänglich gemacht worden sind.

Auf den Versuchsfeldern der Fabriken wird auf die in § 8 angegebene Weise eine wesentlich praktischen Zwecken dienende Übersicht über das veränderliche Verhalten der von diesen Fabriken gebauten Pumpen gewonnen.

Von solchen Versuchen geben die technischen Zeitschriften in zahllosen Veröffentlichungen fortlaufend Kunde. Schaubilder lassen erkennen, wie die Wassermengen bei verschieden angenommenem, unveränderlich bleibendem $\mathfrak{H}$ nach n und bei verschieden angenommenem, unveränderlich bleibendem n nach $\mathfrak{H}$ wechseln, welcher Gesamtwirkungsgrad der Betriebskraft bei solchen Änderungen des Betriebszustandes entsteht, und für welchen Betriebszustand der höchste Wert erreicht wird.

Aber der überaus großen Mehrzahl solcher Versuchsberichte mußte jede praktische Brauchbarkeit für die Beantwortung der Frage vollständig abgesprochen werden, inwieweit die Abmessungsverhältnisse der untersuchten Pumpen ihren Einfluß auf die Versuchsergebnisse geäußert haben. Denn über den besonderen Bau der untersuchten Pumpen fehlten die Angaben meist vollständig oder waren doch nur unzureichend angedeutet.

Daß solche unvollständigen Veröffentlichungen keinen fachwissenschaftlichen und nur sehr allgemeinen praktischen Wert haben können, liegt auf der Hand.

Wenn auch die Erbauer der untersuchten Pumpen auf Grund der Versuchsergebnisse in die Lage versetzt werden, weitere Schlüsse nach den nur ihnen bekannten Abmessungsverhältnissen der Pumpen auf das Verhalten derselben zu ziehen, so beschränken sich doch diese Schlüsse immer nur auf empirische Ermittelungen. Der Allgemeinheit wurden auch diese Ermittelungen nur insoweit bekannt gegeben, als dies den besonderen Zwecken der die Veröffentlichungen bewirkenden Fabriken dienlich erschien.

Jedenfalls kann durch Kenntnisnahme solcher allgemeinen Versuchberichte nicht bereits „allen Bedürfnissen der Praktiker genügt“ werden.

Hierüber spricht sich Hagens[18]) sehr zutreffend in folgender Weise aus: „Der Bau der Zentrifugalpumpen schlug infolge der Unsicherheit in der Berechnung der Größen- und Geschwindigkeitsverhältnisse den empirischen Weg ein; in Versuchsanstalten größerer Fabriken wurden verschiedene Konstruktionen untersucht und abgeändert, bis geeignet Erscheinendes gefunden war. Die Ergebnisse solcher kostspieligen Versuche gelangten selten in die Öffentlichkeit, und auch dann nicht mit der Vollständigkeit, die zu ihrer theoretischen Verwertung geeignet gewesen wäre.“

§ 10. Versuchsangaben mit Mitteilung der Abmessungsverhältnisse.

Erst in neuerer Zeit finden sich in der Literatur recht vollständige Versuchsberichte über Pumpenausführungen

[18]) H. Hagens, Die Schaufelformen und Leistungen der Zentrifugalpumpen, Königsberg i. Pr., 1906, S. 5.

mit denjenigen Angaben, aus welchen die Abmessungsverhältnisse der Pumpen entnommen werden können. Von solchen zum Vergleiche mit theoretischer Berechnung besonders brauchbaren Versuchsberichten können die Mitteilungen von Hagens[19]) angeführt werden, über welche sich Escher[20]) in folgender Weise äußert: „Die Versuche, die eine sehr umfangreiche und mühevolle Arbeit darstellen, sind besonders dadurch interessant, daß ihnen vollständige Angaben über die benutzten Kreiselräder beigegeben sind."

Weiterhin sind hier zu nennen die Mitteilungen von Ernst Reichel[21]), von R. Biel[22]), von Joh. Bente[23]) und von E. Förster[24]).

E. Reichel hat mit einer Zentrifugalpumpe 121 Einzelversuche durchgeführt, und Förster berichtet über 122 Einzelversuche mit drei Kreiselpumpen verschiedener Bauart bei Förderhöhen von 4 bis 30 m.

Über das Förstersche Buch sagt Hagens[25]): „Es ist das nicht hoch genug anzuschlagende Verdienst des vorliegenden Werkes, verläßliches Versuchsmaterial mit allen den Angaben zu bringen, die eine weitere Benutzung zu allgemeinen Untersuchungen gestatten."

Von älteren vollständigen Versuchsberichten können noch die ausführlichen Mitteilungen von Rittinger[26]) und von Fischer[27]) über durchgeprobte Pumpen älterer Bauart angeführt werden.

---

[19]) Zeitschrift des Vereins deutscher Ingenieure, 1905, S. 807, und 1909, S. 1049.

[20]) Ebenda, 1905, S. 1259.

[21]) Zeitschrift f. d. gesamte Turbinenwesen, 1908, Heft 7 u. 8.

[22]) Zeitschrift des Vereins deutscher Ingenieure, 1908, S. 442, und Heft 42 der Forschungsarbeiten, herausgegeben vom Verein deutscher Ingenieure, Berlin, 1907.

[23]) Die Turbine, 1808/09, S. 91.

[24]) E. Förster, Vergleichende Untersuchungen von Kreiselpumpen, Breslau, 1905.

[25]) Zeitschrift des Vereins deutscher Ingenieure, 1906, S. 28.

[26]) Rittinger, Zentrifugalventilatoren und Zentrifugalpumpen, Wien, 1858, S. 259. Zeitschrift des Vereins deutscher Ingenieure, 1875, S. 701. Mitteilungen über Forschungsarbeiten, Berlin, 1907, Heft 42, S. 29.

[27]) Der Zivilingenieur, 1875, S. 50.

§ 11. Schleuderpumpen für sehr kleine Förderhöhen.

Die in § 8 angegebene, auf Versuchsfeldern der Pumpenfabriken angewendete Untersuchungsweise ist nicht für alle gebräuchlichen Pumpenbauarten durchführbar. Für sehr kleine Förderhöhen bis zu 1 und 1,5 m werden sogenannte Kreisel angewendet, welche sehr bedeutende Wassermengen zu fördern haben. Derartige in großen Abmessungen gebaute Schleuderpumpen können naturgemäß hinsichtlich ihres wechselnden Verhaltens nur im Betriebe an der Gebrauchstelle selbst durchgeprobt werden. Hier ist es besonders schwierig, wenn nicht ganz ausgeschlossen, Versuche mit gleichbleibendem $\mathfrak{H}$ bei verschiedenem n oder mit gleichbleibendem n bei verschiedenem $\mathfrak{H}$ in ausreichender Anzahl so vorzunehmen, daß lediglich auf empirischem Wege die nötige Übersicht gewonnen werden kann.

Für diese älteren Pumpenbauarten stellt sich ganz besonders das praktische Bedürfnis heraus, eine Berechnungsformel zu kennen, aus welcher Q nach wechselndem $\mathfrak{H}$ und n so bestimmt werden kann, daß die angewendeten Ausführungsabmessungen der Pumpe rechnerisch maßgebend sind.

Mit vollem Rechte spricht sich Hagens, welcher auf diesem Gebiete große Erfahrungen besitzt, hierüber folgendermaßen aus: „Die gewöhnlichen Zentrifugalpumpen arbeiten meist mit unveränderlicher Hubhöhe und Geschwindigkeit, und — was für ihre Leistungen ausschlaggebend ist — sie werden in den Fabrikversuchsstellen geprüft und verbessert. Alles dies trifft für die Kreisel nicht zu. Für diese sollte man nicht nur die günstigsten Geschwindigkeiten für verschiedene Hubhöhen kennen, sondern auch mit genügender Genauigkeit die wirklich geförderte Wassermenge aus den leicht zu beobachtenden Wasserständen und Umlaufzahlen berechnen können, da die Kenntnis dieser Mengen für die Leitung des Betriebes und für die Lösung meliorationstechnischer Fragen von Wichtigkeit ist[28]).“

§ 12. Die Möglichkeit, aus Versuchen für den Praktiker ausreichende Schlüsse zu ziehen.

Aber auch für Schleuderpumpen größerer Förderhöhe, welche in üblicher Weise geprüft werden können, ist die

---

[28]) Zeitschrift des Vereins deutscher Ingenieure, 1905, S. 813.

Frage zu stellen, ob durch die empirisch gewonnenen Versuchsübersichten bereits „allen Bedürfnissen der Praktiker“ genügt wird.

So vollständig auch bisher veröffentlichte Versuchsangaben waren, so war es doch nicht möglich, aus diesen Angaben weitere Aufklärung zu gewinnen über gewisse Fragen, welche nicht minder als „Bedürfnisse der Praktiker“ anerkannt werden müssen.

So konnte nicht erkannt werden, inwieweit die einzelnen Abmessungen der durchgeprobten Pumpe auf das Ergebnis der Versuche eingewirkt haben, welche besonderen Eigenschaften der Pumpe der Wahl einzelner Abmessungsverhältnisse zugeschrieben werden müssen, und besonders welche Änderungen in einzelnen Abmessungsverhältnissen dazu führen könnten, bessere Leistungsergebnisse zu liefern.

Um solche, praktisch sehr wichtigen Fragen ebenfalls lediglich auf dem Versuchswege zu beantworten, konnten nur weitere Versuche an Pumpen mit abgeänderten Abmessungsverhältnissen dienen. Jedenfalls ein sehr umständlicher, sehr kostspieliger und trotzdem nicht immer zuverlässiger Weg. Denn sehr zutreffend bemerkt Hagens[29]): „Die Bearbeitung der Versuchsergebnisse gibt doch höchstens ein Mittel, die vorhandenen Konstruktionen zu vergleichen, läßt aber keine Schlüsse auf den Zusammenhang von Schaufelform, Geschwindigkeit, Förderhöhe und Kraftbedarf zu.“

Die auf solchem sehr umständlichen Wege gewonnenen Erfahrungen bilden aber nicht Gemeingut der Praxis. Dies spricht Otto H. Mueller[30]) in folgender Weise aus: „Die Höhe des Wirkungsgrades der Turbinenpumpen ist... abhängig von der Erfahrung, Geschicklichkeit und Sorgfalt, die seitens des Konstrukteurs bei der Wahl der Ein- und Austrittswinkel, der Formgebung für die Lauf- und Leitradschaufeln und der Bemessung und Führung der Durchgangsquerschnitte aufgewendet werden, worüber seitens der ausführenden Firmen mit Recht Verschwiegenheit beobachtet wird.“ Dies bestätigt Eickhoff[30a]) mit den

[29]) Zeitschrift des Vereins deutscher Ingenieure, 1906, S. 28.
[30]) Zeitschrift des Vereins deutscher Ingenieure, 1905, S. 1182.
[30a]) Die Fördertechnik, 1909, S. 148.

Worten: „Es haben viele bittere Enttäuschungen erlitten, die naturgemäß verschwiegen werden."

So sagt denn auch H. Hoffmann[31]), „daß es nicht so einfach ist, Hochdruck-Kreiselpumpen zu bauen, und tatsächlich hat mancher schweres Lehrgeld gezahlt, bis er gelernt hat, eine Wasserhaltungspumpe so zu bauen, daß sie bei gegebener Umlaufszahl die richtige Druckhöhe erzeugt, die richtige Wassermenge bringt — nicht zu wenig aber auch nicht zu viel, weil sonst der Motor überlastet wird — und den verbürgten Wirkungsgrad hat."

Ebenso gibt Bente[32]) den „Beweis für die Behauptung, daß der Bau der konstruktiv so einfachen Kreiselpumpen nur von großen Werken oder leistungsfähigen Spezialfabriken, die sich ausreichende und kostspielige Versuchseinrichtungen zu leisten imstande sind, mit Erfolg betrieben werden kann".

Um aber die gesetzmäßigen Bestimmungen des Einflusses der zu wählenden Abmessungsverhältnisse vollständig klar zu legen, dazu reicht auch der rein empirische Weg nicht aus.

§ 13. Praktischer Nutzen theoretischer Berechnung.

Als Grundlage für den rationellen Pumpenbau muß eine gesetzmäßige Bestimmung des Einflusses der einzelnen Abmessungen der Pumpe in Form einer auf hydraulisch-theoretischem Wege abgeleiteten analytischen Beziehung zwischen Q, $\mathfrak{H}$ und n aufgestellt werden, welche weitere analytische Folgerungen zuläßt. Diese Beziehung muß aus vorliegenden Versuchen als Berechnungsformel nach Q, $\mathfrak{H}$ und n so abgeleitet werden, daß darin die wesentlichen Abmessungsverhältnisse rechnerisch auftreten.

Daß das Bedürfnis nach solcher theoretischen Berechnung gerade wegen ihres praktischen Nutzens auch an maßgebender Stelle lebhaft empfunden wird, hat der Verein deutscher Ingenieure dadurch bekundet, daß er durch einen besonderen Geldbeitrag dem Verfasser einer Abhandlung, welche bezweckte, „die Theorie mit den Messungen in Einklang" zu bringen, Unterstützung bot[33]).

---

[31]) Zeitschrift des Vereins deutscher Ingenieure, 1909, S. 9.
[32]) Die Turbine, 1907/08, S. 251.
[33]) Zeitschrift des Vereins deutscher Ingenieure, 1908, S. 442.

Biel[34]) sagt: „Die günstigsten Formen von Kreiselrädern werden wohl stets auf dem Wege der praktischen Ausführung und Erprobung ermittelt werden. Die theoretischen Erwägungen können hierfür aber Winke und Fingerzeige geben. Ihr Wert liegt außerdem in der dadurch zu gewinnenden klaren Erkenntnis der Betriebseigentümlichkeiten der Kreiselräder, die für ihre wirtschaftliche Verwendung von weitgehender Bedeutung sind."

Eine die analytische Beziehung zwischen den Abmessungsverhältnissen der Pumpe und ihren Leistungen darstellende Formel kann, wie in § 5 angegeben wurde, auf Grund einer älteren Theorie abgeleitet werden und dient dann dazu, das Verhalten der Pumpe festzustellen, insbesondere auch für solche Betriebsverhältnisse, welche von den bei den grundlegenden Probeversuchen gültig gewesenen sehr wesentlich abweichen.

Solche rechnerisch ermöglichte Übersicht hat nicht nur ein „mehr theoretisches Interesse", sondern dient auch denjenigen wesentlich praktischen Zwecken, welche in §§ 11 und 12 angeführt wurden als auf empirischem Wege überhaupt nicht erreichbar. Allerdings kann der vollständige Nachweis des praktischen Nutzens theoretischer Berechnungen nur in den einzelnen Anwendungsfällen des Vergleichsverfahrens von Rechnung und Versuch geführt werden. Bei der hier vorzuführenden Behandlung eines einzelnen Ausführungsbeispieles wird sich bereits Gelegenheit dazu geben.

Vorbehaltlich solcher eingehenden Nachweise möge hier schon einiges angedeutet werden.

So wird auf Grundlage der zutreffend ermittelten Berechnungsformel derjenige Betriebszustand der Pumpe rechnerisch bestimmbar, bei welchem der beste hydraulische Wirkungsgrad der Betriebskraft eintreten muß. Auch ist analytisch erkennbar, in welcher Weise die besondere Wahl der Abmessungsverhältnisse auf die Höhe des erreichbaren Wirkungsgrades ihren maßgebenden Einfluß übt. Ohne Notwendigkeit besonderer Kraftmessungen, lediglich aus einigen nur für die Wasserlieferung mit genügender Zuverlässigkeit durchgeführten Probeversuchen läßt sich die Berechnungs-

---

[34]) Ebenda, 1908, S. 510.

formel herstellen, aus welcher der hydraulische Wirkungsgrad für alle Betriebszustände bestimmt werden kann.

Selbst wenn zugleich besondere Kraftmessungsversuche vorliegen sollten, lassen sich auf dem Rechnungswege auch diese Kraftmessungen hinsichtlich ihrer nicht immer gegebenen Zuverlässigkeit beurteilen.

Auch kann ein gewisser Aufschluß gewonnen werden über die Änderungen, welche im Verhalten einer auf dem Versuchsfelde durchgeprobten Pumpe entstehen müssen, wenn diese Pumpe am Gebrauchsorte in Betrieb gesetzt wird.

§ 14. Angeblich engbegrenzte Brauchbarkeit der auf Probeversuche gegründeten theoretischen Berechnung.

Es bleibt noch hinsichtlich der in § 7 angegebenen Zweifel die Frage zu erörtern, ob tatsächlich dem auf Grundlage von Probeversuchen durchzuführenden Berechnungsverfahren „so enge Grenzen gezogen sind, daß der Praxis nicht in weitgehendem Maße gedient wird".

Den Anlaß zu solcher Anschauung kann nur der Umstand bieten, daß für die theoretische Berechnungsformel nach § 6 außer den Abmessungsverhältnissen der Pumpe noch eine besondere Erfahrungszahl, ein Koeffizient benötigt wird, welcher die besondere Bauart und Aufstellungsart der Pumpe betrifft. Daß diese Erfahrungszahl zunächst nur aus einigen Probeversuchen feststellbar ist, mag vorläufig noch insolange, als Erfahrungszahlen für die verschiedenen Pumpenbauarten und ihre Aufstellungsweisen noch nicht ermittelt sind, die Anwendbarkeit der Berechnungsformel erschweren.

Sobald aber einmal durch Probeversuche an einer ausgeführten Pumpe der zugehörige Erfahrungswert ermittelt worden ist, gilt derselbe nicht etwa ausschließlich nur für die nach bestimmten Ausführungsgrößen gegebene Pumpe allein, sondern überhaupt für die allgemeine Bauart und Aufstellungsart der durchgeprobten Pumpe selbst dann, wenn die Ausführungsgrößen der Pumpe abgeändert werden. Nicht jeder individuellen Pumpenausführung, sondern nur jeder besonderen Pumpenbauart entspricht also ein besonderer Erfahrungswert.

Mit diesem Erfahrungswerte kann die zuverlässige Vorausberechnung einer neu zu erbauenden Pumpe derselben Bauart geschehen, ohne daß eine nochmalige Abführung von Probeversuchen notwendig wird.

Derartige Ermittelungen würden für die wesentlichsten der bisher nebeneinander bestehenden Pumpenbauarten zunächst durchzuführen sein. Die bisher veröffentlichten, in § 10 aufgeführten Versuchsberichte bieten hierzu bereits ausreichende Gelegenheit.

Der Umstand, daß die auf theoretischer Grundlage entwickelten Berechnungsformeln nur mit Hilfe einer Erfahrungszahl, und zwar nur einer einzigen, verwendbar werden, tritt in der praktischen Hydraulik überhaupt stets auf. Durch solche allgemein gebräuchlichen Koeffizienten wird die praktische Verwendung theoretisch abgeleiteter Berechnungsformeln immer erst ermöglicht, und dabei keineswegs hinsichtlich ihrer Brauchbarkeit zu eng begrenzt.

§ 15. Die ältere Theorie.

Ehe an einem einzelnen Ausführungsbeispiele das Vergleichsverfahren von Rechnung und Versuch vorgeführt werden kann, wird es notwendig sein, über diejenigen Rechnungsgrundlagen, welche den erfolgreichen Vergleich zulassen, hier einige Angaben zu machen.

Wie bereits in § 5 bemerkt wurde, soll als Grundlage für die theoretischen Berechnungen eine schon seit langer Zeit bekannte Theorie der Schleuderpumpen verwendet werden. Nach dieser älteren Theorie werden die Bewegungsverhältnisse des die Schaufelzellen durchfließenden Wassers einfach denen eines mittleren Stromfadens gleich gesetzt.

Diese ältere Theorie hat Zeuner schon vor einem halben Jahrhundert seinen bezüglichen Vorlesungen in Zürich und später in Dresden zugrunde gelegt, und sie ist auch in den bezüglichen Arbeiten seiner zahlreichen Schüler zur Geltung gebracht worden.

Allerdings hat Zeuner später diese ältere Theorie dadurch nicht unwesentlich abgeändert, daß er die Bewertung des Stoßes des Wassers gegen die Schaufeln oder der Schaufeln gegen das Wasser durch Einführung eines besonderen

Eintrittskoeffizienten ζ und außerdem eines Stoßkoeffizienten ζ_0 bestimmte[35]). Auch v. Grünebaum hat bei theoretischer Nachrechnung von Pumpenversuchen diese Zeunerschen Koeffizienten zur Anwendung gebracht, bemerkt aber dabei, daß „genauere Versuche über ihre Größe zurzeit unseres Wissens nicht vorliegen“[36]). Insolange als über die Größe dieser Stoßkoeffizienten Zahlenangaben in zuverlässiger Weise nicht zu Gebote stehen, bleibt die ältere Theorie für den rechnerischen Gebrauch wesentlich geeigneter, wenn bereits mit dieser älteren Theorie Ergebnisse erhalten werden können, welche mit Versuchsergebnissen praktisch genügende Übereinstimmung zeigen.

Bei Beurteilung der in § 10 erwähnten Hagensschen Versuche sagt Bánki, daß „die Zeunerschen Formeln durchaus einwandfrei sind; nur soll man sie nicht ohne weiteres auf einen Fall anwenden wollen, wofür sie nicht abgeleitet worden sind“[37]). Bánki empfiehlt allerdings dabei die Ermittelung der besonderen Zeunerschen Stoßkoeffizienten. Auch in neuerer Zeit ist die ältere Theorie ohne Berücksichtigung besonderer Stoßkoeffizienten von H. Lorenz[38]) in Anwendung gebracht worden bei Entwicklung der Theorie der Kreiselpumpen unter Annahme der sogenannten Parallelströmung. Lorenz berechnet danach das Verhalten einer mit nachgeschaltetem Leitrade versehenen Schleuderpumpe bei wechselnden Betriebszuständen.

In dem bereits vor mehr als zwanzig Jahren erschienenen Buche „Allgemeine Theorie der Turbinen“[39]) wurden

---

[35]) Dr. Gustav Zeuner, Vorlesungen über die Theorie der Turbinen. Mit vorbereitenden Untersuchungen aus der techn. Hydraulik. Leipzig, 1899, Arthur Felix, S. 86, 101, 128, 325, 328 u. 335.

[36]) Dr. Egon R. v. Grünebaum, Zur Theorie der Zentrifugalpumpen, Berlin, 1905, Julius Springer, S. 9.

[37]) Zeitschrift des Vereins deutscher Ingenieure, 1905, S. 1060.

[38]) Prof. Dr. Hans Lorenz, Lehrbuch der technischen Physik, Dritter Band, Technische Hydrodynamik, München und Berlin, 1910, § 21, S. 152.

[39]) H. Ludewig, Allgemeine Theorie der Turbinen. Eine allgemeine Anleitung zur Berechnung von Turbinen und Stahlrädern überhaupt, Berlin, 1890, Leonhard Simion. Vervollständigter Sonderabdruck nach „Verhandlungen des Vereins zur Beförderung des Gewerbefleißes“, 1889 und 1890.

die für die ältere Theorie gültigen Grundbestimmungen vorgeführt, und zwar auch in ihrer besonderen Anwendung für die Berechnung von Schleuderpumpen. Die Ableitung der für die Leistungsberechnungen einer solchen Pumpe benötigten Formeln in voller Ausführlichkeit nach allen für die verschiedenen Pumpenbauarten in Betracht kommenden Sonderfällen hier vorzuführen, muß entbehrlich erscheinen. Es wird genügen können, behufs Ableitung der benötigten Formeln auf die in der „A. T. d. T." mitgeteilten Grundgleichungen an entsprechender Stelle hinzuweisen. Insbesondere können dabei auch die in der „A. T. d. T." benutzten und dort erläuterten Buchstabenzeichnungen für die einzelnen bei den Rechnungen vorkommenden Wertgrößen hier ebenfalls verwendet werden.

§ 16. Festwerte.

Hinsichtlich der veränderlichen Betriebsverhältnisse einer Schleuderpumpe wird in erster Linie eine Berechnungsforme benötigt, welche Q bestimmen läßt als abhängig von n und $\mathfrak{H}$. Vornehmlich wird Q bedingt sein durch die Abmessungsverhältnisse und sonstigen Bestimmungswerte nach der besonderen Bauart und Aufstellungsweise der Pumpe. Bleiben diese Abmessungsverhältnisse und Bestimmungswerte auch bei nach n und $\mathfrak{H}$ geänderten Betriebszuständen völlig ungeändert, so können diese Bestimmungen als F e s t w e r t e bezeichnet werden.

Unter solcher Voraussetzung kann in einer die allgemeine Funktionsform der Berechnungsformel darstellenden Gleichung durch den Ausdruck const der Einfluß der Festwerte zusammengefaßt werden, sodaß die Funktionsform

$$Q = \text{funct}\,(\text{const}, n, \mathfrak{H})$$

entsteht. Hier soll Q die von der Pumpe tatsächlich geförderte Wassermenge in Sekunden-Kubikmeter bezeichnen, ebenso n die minutliche Umdrehungszahl der Pumpenwelle und $\mathfrak{H}$ die in Meter gemessene Förderhöhe, entsprechend dem Abstande des Oberwasserspiegels über dem Unterwasserspiegel.

§ 17. Funktionsform der Berechnungsformel.

Mit Hilfe von zwei besonderen Festwerten, welche A u s f ü h r u n g s g r ö ß e n genannt werden sollen, kann die aufgestellte Funktionsform der Berechnungsformel auf eine für die Berechnungen geeignetere Gestalt übergeführt werden. Als erste Ausführungsgröße kann mit F_a in Quadratmeter der der Gesamtheit der Radzellen des Laufrades entsprechende Laufquerschnitt an der Austrittsstelle des Laufrades eingeführt werden. Dann läßt sich Q ersetzen durch die zu F_a gehörige mittlere Austrittsgeschwindigkeit w_a des Arbeitswassers in Sekundenmeter, welche als Gleitgeschwindigkeit am Ende der Laufradschaufel auftritt.

Hier gilt
$$Q = F_a\, w_a.$$

Eine zweite Ausführungsgröße ergibt der äußere Radhalbmesser r_a an der Austrittsstelle des Laufrades, nach Meter gemessen.

In der Funktionsform der Berechnungsformel läßt sich n ersetzen durch die in Sekundenmeter bemessene Radumfangsgeschwindigkeit v_a
$$n = \frac{60\, v_a}{2\pi r_a}.$$

So gewinnt die allgemeine Berechnungsformel die Form
$$w_a = \text{funct}\,(\text{const}, v_a, \mathfrak{H}).$$

Hier treten die drei veränderlichen w_a, v_a und $\mathfrak{H}$ auf, während in dem Ausdruck const neben den beiden Ausführungsgrößen F_a und r_a noch andere Festwerte enthalten sind.

§ 18. Ableitung der Berechnungsformel.

Die solcher allgemeinen Funktionsform entsprechende Berechnungsformel wird für die verschiedenen Pumpenbauarten sehr verschiedene Gestalt annehmen je nach der Art, in welcher die Festwerte in dem Gesamtwerte const zum Ausdrucke kommen. Die von einander zu unterscheidenden Pumpenbauarten entstehen namentlich durch die in sehr abweichender Weise durchführbare Anordnung von dem Laufrade vor- oder nachgeschalteten Leiträdern.

Behufs Gewinnung einer Gesamtübersicht wird es genügen, wenn hier nur der einzuschlagende Rechnungsgang allgemein angegeben wird. Um die Berechnungsformel nach ihren den einzelnen Pumpenbauarten entsprechenden Sonderfällen abzuleiten, ist von einer Bilanzgleichung auszugehen, welche zwischen w_a, v_a und $\mathfrak{H}$ mittelst gegebener Festwerte besondere Beziehungen aufstellt.

§ 19. Die Bilanzgleichung.

In der Bilanzgleichung wird die in die Pumpe hinein zu leitende hydraulische Raddreharbeit gleich gesetzt der Summe der in der Pumpe selbst auftretenden, lediglich hydraulischen Einzelarbeiten. Diese Einzelarbeiten sind nach drei verschiedenen Richtungen neben einander zu stellen. Erstens kommt die reine Gewichts-Hebearbeit des Förderwassers in Betracht. Die zweite Einzelarbeit ergibt sich aus den Verlustarbeiten, welche durch Wasserstoß sowohl beim Eintritte in das Laufrad, als auch beim Austritt aus demselben entstehen. Die dritte Einzelarbeit entspricht in Zusammenfassung allen ebenfalls verloren gehenden Leitarbeiten für den Gesamtweg des fließenden Wassers vom Saugwasserspiegel bis zum Austritte in den hoch liegenden Wasserbehälter.

Alle diese hydraulischen Arbeiten werden nach der älteren Theorie dem sekundlich in gleichmäßigem Beharrungszustande geförderten Wassergewichte proportional gesetzt, so daß diese Arbeiten auch durch entsprechende **Arbeitshöhen** ausgedrückt werden können, welche danach die für ein Sekunden-Kilogramm des gehobenen Wassers gültige Arbeitsleistung darstellen.

Die Bilanzgleichung kann in folgender Form aufgestellt werden

$$\mathfrak{H}_h = \mathfrak{H} + H_{st} + H_{lt}.$$

Hierin haben neben der Förderhöhe $\mathfrak{H}$ die übrigen Werte folgende Bedeutung.

$\mathfrak{H}_h$ ist die Raddreharbeitshöhe, entsprechend der in die Pumpenwelle hinein zu leitenden, lediglich zur Ueberwindung der drei hydraulischen Einzelarbeiten dienenden hydraulischen Raddreharbeit.

H_{st} ist die Gesamt-Stoß-Verlustarbeitshöhe als zweite Einzelarbeit.

H_{lt} ist die Leitarbeitshöhe als dritte hydraulische Einzelarbeit.

§ 20. Radfestwerte.

Die Arbeitshöhen $\mathfrak{H}_h$ und H_{st} lassen sich nach der älteren Theorie berechnen, wenn die an der Pumpe selbst bezw. an ihrer Arbeitszeichnung feststellbaren Abmessungsverhältnisse gegeben sind. Diese Abmessungen sind als Festwerte anzusehen, wie solche in § 16 als in dem Ausdrucke const enthalten angegeben wurden. Diese an den Leiträdern und am

Laufrade der Pumpe meßbaren Festwerte sollen insbesondere als Radfestwerte bezeichnet werden.

Bei Durchführung der älteren Theorie kommen als Radfestwerte zunächst die Schaufelwinkel am Beginne und am Auslaufe des Laufrades in Betracht. Ist ein vorgeschaltetes Leitrad vorhanden, so tritt noch der Schaufelwinkel am Auslaufe des Leitrades als Radfestwert hinzu und ebenso der Schaufelwinkel am Beginne eines etwa nachgeschalteten Leitrades.

Dann gelten noch als benötigte Radfestwerte die Halbmesser des Laufrades an seinem Ein- und Auslaufe. Der äußere Halbmesser r_a bildet eine Ausführungsgröße der Pumpe.

Endlich sind noch die Laufquerschnitte am Ein- und am Auslaufe des Laufrades als Radfestwerte heranzuziehen und ebenso die Laufquerschnitte bei etwa vorhandenen Leiträdern, bei vorgeschaltetem Leitrade am Auslaufe desselben und bei nachgeschaltetem Leitrade am betreffenden Einlauf. Der äußere Laufquerschnitt F_a des Laufrades bildet die zweite Ausführungsgröße.

Die Arbeitshöhen $\mathfrak{H}_h$ und H_{st} sind nach der älteren Theorie durch algebraische Ausdrücke darstellbar, in welchen neben Radfestwerten noch v_a und w_a vorkommen.

§ 21. Der Leitarbeitsverlust.

Der Arbeitsverlust nach H_{lt} entspricht sämtlichen Verlustwerten, welche beim Durchfließen des Gesamtweges vom Unterwasserspiegel bis zum Oberwasserspiegel infolge Reibung, nicht gleichmäßiger Strömung, Wirbelbildung usw. eintreten müssen. Nur die an den Uebergangsstellen zum und vom Laufrade entstehenden Wasserstöße sind, als bereits durch H_{st} besonders berücksichtigt, nicht in dieser Gesamtleitarbeit enthalten.

Die Arbeitshöhe H_{lt} erfordert eine besondere Behandlung, da die Leitverlustarbeiten sehr wesentlich von der Ausführungsweise und besonders aber von der Aufstellungsart der Pumpe abhängig sind. Die Form des das Laufrad umschließenden Pumpengehäuses hat hier bestimmenden Einfluß, ebenso die Krümmungsart und Oberflächenbeschaffenheit der Schaufeln des Laufrades und der etwa vorhandenen Leiträder. Zu den Leitverlustarbeiten muß auch der Spaltwasserverlust gerechnet werden.

Nach ihrer wesentlichsten Größe wird aber die Leitverlustarbeit bestimmt durch die Länge der Leitungsröhren, der Sauge- und Druckröhren, sowie durch Rohrkrümmungen, eingeschaltete Ventile, wie Fußventil und Absperrschieber. Für diese Bestimmungen sind die Radfestwerte, welche nach § 20 neben v_a und w_a zur Berechnung der Arbeitshöhen $\mathfrak{H}_h$ und H^{st} benutzt werden, nicht geeignet.

§ 22. Besondere Widerstandskoeffizienten.

Bei den zumeist üblichen theoretischen Berechnungen werden behufs Bestimmung von H_{lt} die einzelnen Leistungsstrecken zunächst je für sich in Betracht gezogen.[40] Für das Durchfließen des Saugerohres, der Leiträder, des Laufrades, des Radgehäuses und des Druckrohres werden nach angenommenen Wasserreibungs-Koeffizienten, Länge, Weite und Krümmungsart der Rohrstrecken die einzelnen Leitarbeiten bemessen, und durch Aneinanderreihung derselben soll dann der Gesamtwert H_{lt} gewonnen werden. Auf diesem Wege ist aber eine zuverlässige Bewertung von H_{lt} nicht zu gewinnen.

Sehr zutreffend sagt Blaess[41] hierüber: „Ein Vergleich der Literatur mit der Praxis zeigt, daß diese übliche Methode den wahren Vorgängen in den Schleuderapparaten doch nicht nahe zu kommen vermag, was vor allen Dingen in der vollkommenen Unzulänglichkeit jener Koeffizienten liegt."

Selbst wenn aber auch die einzelnen Koeffizienten nach möglichst genauer Bestimmung in die Berechnungsformel eingeführt werden, so wird solche Formel für den praktischen Gebrauch nicht geeignet. Mit Recht sagt Zeuner: „Man stößt dabei auf komplizierte Formeln, deren praktische Verwertung wegen der Unsicherheit in den Abmessungen der Pumpen und in der Wahl der Widerstands- und Korrektions-Koeffizienten doch von zweifelhaftem Nutzen wäre."[42] Wie sehr diese Anschauung berechtigt ist, läßt die schöne Arbeit von Gieseler[43] erkennen, welchem es allerdings auf solchem

[40] Vgl. z. B. Bartl, Zur Theorie der Zentrifugalpumpen. Sonderabdruck aus der Zeitschrift „Die Turbine", Berlin 1910, M. Krayn, S. 8, Gleichung 5.

[41] Zeitschrift für das gesamte Turbinenwesen, 1907, S. 472.

[42] Zeuner, Vorlesungen über Theorie der Turbinen, Leipzig 1899, Arthur Felix, S. 339.

[43] Zeitschrift des Vereines Deutscher Ingenieure 1875, S. 690.

äußerst mühevollen Wege gelang, die Ergebnisse der Rittingerschen Versuche mit der Rechnung in Einklang zu bringen.

In ähnlicher Weise spricht sich auch Busse[44]) aus: „Eine allgemeine Gleichung läßt sich für jede Zentrifugalpumpe aufstellen, indem man die Wasserbewegung vom Eintritt bis zum Austritt Schritt für Schritt verfolgt und dabei alle Verluste... in Betracht zieht. Die so aufgestellten Gleichungen sind sehr lang und umständlich, was den Ingenieur allerdings nicht abschrecken sollte, wenn sie ihm eine seiner Mühe entsprechende Sicherheit des Resultats gewährten. Dieses ist aber leider nicht der Fall, und zwar nicht gerade, weil die theoretische Grundlage der Gleichung falsch oder gar unbrauchbar ist, sondern weil die Größen, in denen die verschiedenen Verluste auszudrücken sind, so sehr wenig erforscht sind ... daß man zur Zeit nur sehr wenig Erfolg erwarten darf von einer allgemeinen Gleichung, die allerdings rationell genug Glied für Glied aufgebaut ist, in der jedes einzelne Glied eine Unsicherheit enthält, wodurch auch die ganze Gleichung unsicher wird."

§ 23. Abschätzung der Leitarbeitshöhe.

Ein mehr praktischer Weg wird auch in der Weise eingeschlagen, daß versucht wird, H_{lt} möglichst besonderen Erfahrungen entsprechend zahlenmäßig abzuschätzen. So wird H_{lt} unmittelbar von $\mathfrak{H}$ abhängig gemacht, indem $\mathfrak{H}$ mit einem Koeffizienten multipliziert werden soll, „welcher die Vergrößerung der Förderhöhe durch die Widerstände berücksichtigt".[45]) Um diesen Koeffizienten zu bemessen, dient dann die nur sehr allgemein gehaltene Angabe, daß

$$0{,}25\,\mathfrak{H} < H_{lt} < 0{,}6\,\mathfrak{H}$$

gesetzt werden könne.

Nach einem ähnlichen Abschätzungsverfahren soll aus der sogenannten „theoretischen Druckhöhe", also aus der Raddreharbeitshöhe $\mathfrak{H}_h$ auf den Zahlenwert von H_{lt} geschlossen werden. Hier wird die sehr unbestimmt gehaltene Angabe gemacht, daß $\mathfrak{H}_h$ „wegen der Verluste innerhalb der Pumpe und in den Leitungen beträchtlich größer" als die hydro-

---

[44]) Zeitschrift für das gesamte Turbinenwesen, 1907, S. 478 u. 479.

[45]) Hartmann-Knoke, Die Pumpen. Dritte Auflage von H. Berg, Berlin 1906, S. 437.

statische Förderhöhe $\mathfrak{H}$ oder die manometrische Förderhöhe sein müsse, im Mittel

$$\mathfrak{H}_h = 1{,}5\,\mathfrak{H},$$

„bei langen Leitungen größer".[46])

Die Schwierigkeit, solche allgemeinen Zahlenwerte für besondere Anwendungsfälle einigermaßen zutreffend abzuschätzen, wächst dadurch erheblich, daß H_{lt} mit n bei gleichbleibendem $\mathfrak{H}$ sich sehr bedeutend ändern muß. Beim Leergange der Pumpe muß H_{lt} zu Null angenommen und um so größer werden, je mehr n zunimmt. Der Mangel einer genügend zuverlässigen Abschätzung von H_{lt} muß auch der aus solcher Bilanzgleichung abgeleiteten Berechnungsformel anhaften.

§ 24. Der Erfahrungswert.

Aus den angegebenen Gründen muß sowohl darauf verzichtet werden, für H_{lt} einen zutreffenden Gesamtwert durch Aneinanderreihung der Einzelwiderstände zu gewinnen, als auch H_{lt} von vornherein abzuschätzen. Wenn dieser Wert der eigenartigen Aufstellung der Pumpe auch nach Anordnung ihrer Leitungsröhren genügend Rechnung tragen soll, so bleibt nur übrig, an der ausgeführten Pumpe selbst auf dem Wege von Probeversuchen H_{lt} zutreffend zu ermitteln.

Da aber H_{lt} bei wechselnden Betriebszuständen sehr veränderlich ist, so würde auch aus Probeversuchen seine gesetzmäßige Bestimmung nicht unmittelbar erfolgen können.

Vielmehr muß zunächst für H_{lt} ein solcher Ausdruck gebildet werden, daß seine Einführung in die Bilanzgleichung es zuläßt, aus dieser Bilanzgleichung eine überhaupt für den Vergleich von Rechnung und Versuch brauchbare Berechnungsformel abzuleiten. Die Bilanzgleichung sowohl, als auch die aus ihr ableitbare Berechnungsformel müssen deshalb einen unmittelbar maßgebenden Erfahrungswert enthalten, dessen zahlenmäßige Bestimmung durch Probeversuche ermöglicht werden kann.

Um den benötigten Erfahrungswert zunächst nach seiner in der Berechnungsformel auftretenden algebraischen Bedeutung zu gewinnen, wird nach der älteren Theorie davon ausgegangen, daß im allgemeinen die Leitarbeit des Wassers dem

---

[46]) Hütte, Des Ingenieurs Taschenbuch. 20. Auflage, Abt. II, S. 553, 21. Auflage, Bd. II, S. 603.

Quadrate der Leitgeschwindigkeit proportional zu setzen ist. Von dieser Annahme sagt Busse[47]) zutreffend: „Dies kommt der Wahrheit sicher nahe genug innerhalb der Grenzen, zwischen welchen man eine Zentrifugalpumpe arbeiten läßt, und fügt sich außerdem am besten in eine hydraulische Gleichung."

Das Proportionalitätsgesetz kann zunächst für jede einzelne in der Gesamtleitung der Pumpe auftretende Leitarbeit als gültig angenommen werden. Da aber die einzelnen Leitgeschwindigkeiten selbst nach den zugehörigen Leitquerschnitten von einander abhängig sind, entsprechend dem Kontinuitätsgesetze der Wasserleitung, so kann auch die Gesamtleitarbeit auf die an einer einzelnen Stelle der Gesamtleitung herrschende Geschwindigkeit bezogen werden. Als für die Bezugnahme besonders geeignete Geschwindigkeit empfiehlt sich die Gleitgeschwindigkeit w_a.

Auf Grund dieser Annahme ist die einfache Berechnung möglich

$$H_{lt} = \zeta \frac{w_a^2}{2g}.$$

Hier bedeutet $g = 9{,}81$ die Beschleunigung der Schwere, und ζ kann als Leitarbeitsvorzahl benannt werden. ζ ist dann der aus Probeversuchen zahlenmäßig zu bestimmende Erfahrungswert.

§ 25. Der Wert const. in der Berechnungsformel.

Aus der Bilanzgleichung soll die nach allgemeiner Funktionsform

$$w_a = \text{funct}\,(\text{const}, v_a, \mathfrak{H})$$

aufgestellte Berechnungsformel abgeleitet werden.

Da die Arbeitshöhen $\mathfrak{H}_h$ und H_{st} durch algebraische Ausdrücke ersetzt werden können, welche neben v_a und w_a noch Radfestwerte enthalten, so müssen in dem Ausdrucke const, welcher nach § 17 bereits die beiden Ausführungsgrößen F_a und r_a enthält, noch weitere Radfestwerte vorkommen.

Durch Ersatz der noch in der Bilanzgleichung auftretenden Leitarbeitshöhe nach

$$H_{lt} = \zeta \frac{w_a^2}{2g}$$

kommt aber in den Ausdruck const noch die Leitarbeitsvorzahl ζ hinein. Der Wert const enthält also außer Radfestwerten noch ζ.

---

[47]) Zeitschrift für das gesamte Turbinenwesen, 1907, S. 478.

§ 26. ζ als Festwert.

Der Ausdruck const soll aber nach der in den § 16 und 17 ausdrücklich hervorgehobenen Voraussetzung nur Festwerte enthalten. Danach ist die Forderung zu stellen, daß ζ, wenn auch keinen Radfestwert, so doch einen Festwert überhaupt darstellt. Die Anwendbarkeit der Berechnungsformel und damit auch des hier zu behandelnden Vergleichsverfahrens von Rechnung und Versuch beruht mithin auf dieser Forderung.

§ 27. Änderung der Pumpenanlage.

Wird der Betriebszustand einer Pumpe ohne Änderung der Rohrleitung nur nach Q, $\mathfrak{H}$ und n geändert, so wird auch die im wesentlichen von der Aufstellungsart der Pumpe abhängige Leitarbeitsvorzahl ungeändert bleiben, so daß die Forderung für ζ als Festwert erfüllt werden kann.

Außer Beibehaltung der Gesamtanlage werden allerdings noch einige besondere Bedingungen aufgestellt werden müssen, um ζ als Festwert in ausreichender Weise zu ermöglichen. Beibehaltung der Gesamtanlage wird jedenfalls zutreffen bei Pumpenversuchen, die auf den Versuchsfeldern der Fabriken mit manometrischen Messungen der abgedrosselten Förderhöhen durchgeführt werden. Hier wird also die Berechnungsformel nach Q, $\mathfrak{H}$ und n oder nach w^a, $\mathfrak{H}$ und v_a durchaus anwendbar sein.

Wesentlich anders liegt aber die Anwendbarkeit der nach Radfestwerten und Vorzahl ζ bestimmten Berechnungsformel, wenn die veränderlichen Betriebszustände einer gegebenen Pumpe mit einem Wechsel in der Gesamtanlage verbunden sind. Wird hier z. B. behufs Erreichung einer größeren Förderhöhe die Anordnung der Leitungsröhren, und, wie dies dann notwendig, auch ihre Gesamtlänge vergrößert, so kann bei solcher Betriebsänderung ζ seinen nur für eine bestimmte Röhrenanordnung gültigen Zahlenwert nicht mehr beibehalten. Dies folgt aus der in § 24 vorgeführten Berechnung von H_u nach ζ.

Danach ergibt sich, daß in dem hier angenommenen Falle einer Vergrößerung der Förderhöhe bei gleichzeitiger Abänderung der Rohrleitung auch für die danach geänderten Betriebzustände der Pumpe in die Berechnungsformel ein entsprechend größerer Wert für ζ eingeführt werden muß. Dieser neue Wert für ζ wird aber ebenfalls Festwert bleiben können, um für die abgeänderte Gesamtanlage der gegebenen Pumpe wiederum die veränderliche Wasserlieferung für verschieden mögliche Umdrehungszahlen nach der Berechnungsformel zu bestimmen.

§ 28. Geändertes Verhalten einer manometrisch durchgeprobten Pumpe bei Aufstellung am Gebrauchsort.

Wenn das Verhalten einer ausgeführt vorliegenden Pumpe nach dem zumeist üblichen Versuchsverfahren hinsichtlich Q, $\mathfrak{H}$ und n auf dem Versuchsfelde manometrisch durchgeprobt ist, so muß die Frage entstehen, ob das durchgeprobte Verhalten der Pumpe auch noch gültig bleibt, wenn diese Pumpe mit vollständigen Leitungsröhren am Gebrauchsorte zur Aufstellung gebracht ist. Hier müssen wesentliche Änderungen in den Beziehungen von Q, $\mathfrak{H}$ und n gegenüber den auf dem Versuchsfelde manometrisch festgestellten Beziehungen entstehen, da bei dem durchgeprobten Verhalten der Pumpe der Einfluß der später angeschlossenen Rohrleitungen noch nicht zur Wirkung kommen konnte.

Daß diese Frage praktische Bedeutung hat, wird von Blaess[48]) bekundet: „Mit Rücksicht auf die hauptsächliche, Verwendung der Schleuderapparate zu Förderzwecken ist es aber von Bedeutung, auch das Verhalten der Kreisel bei angeschlossener Rohrleitung kennen zu lernen, welches in manchen Punkten wesentlich ..... abweicht. Wie man aus dem Studium der Literatur erkennt, hat man sich immer bemüht, diese so wichtige praktische Frage theoretisch zu lösen, einmal um die sich einstellenden merkwürdigen Vorgänge aufzuklären, dann auch, um eine gewisse Sicherheit vor den nicht selten eintretenden Ueberraschungen namentlich bei Pumpenanlagen zu haben."

Um diese praktische Frage bereits in gewissem Sinne theoretisch zu lösen, ist die Anwendung der Berechnungsformel geeignet, welche in ihrem Werte const auch die Vorzahl ζ enthält. Die bei manometrischer Durchprobung der Pumpe auf dem Versuchsfelde gewonnenen Angaben für Q, $\mathfrak{H}$ und n ermöglichen es zunächst, aus der Berechnungsformel den für diese Probeversuche gültigen Zahlenwert von ζ als Erfahrungswert zu bestimmen.

---

[48]) Zeitschrift für das gesamte Turbinenwesen, 1907, Seite 547.

Wird nun die Pumpe am Gebrauchsorte mit angeschlossener Rohrleitung in Betrieb gesetzt, so muß auch ein größerer Wert für ζ in dieselbe Berechnungsformel, welche nach den Probeversuchen abgeleitet wurde, eingesetzt werden um danach das Verhalten der Pumpe am Gebrauchsorte beurteilen zu können. Um die richtige Wahl für die Vergrößerung des ζ Wertes zu treffen, muß die Vermehrung der Rohrlängen am Gebrauchsorte gegenüber den im Versuchsfelde vorhanden gewesenen Rohrlängen sachgemäß berücksichtigt werden.

Auf solche Weise läßt sich ohne Notwendigkeit neuer Versuche am Gebrauchsorte schon lediglich auf dem Rechnungswege ein wesentlich orientierender Überblick gewinnen. Namenlich läßt sich bestimmen, in welcher Weise die auf dem Versuchsfelde ermittelte günstigste Gangart der Pumpe abgeändert werden muß bei ihrer Verwendung am Gebrauchsorte.

§ 29. Einfluß von Ventileinschaltungen.

Es bleibt noch die Frage allgemeiner zu erörtern, inwieweit fär eine gegebene Pumpe, auch wenn ihre Gesamtanlage bei Änderung ihres Betriebszustandes unverändert bleibt, der Erfahrungswert ζ als Festwert in der Berechnung verwendet werden darf.

Hier kann zunächst ein besonderer Fall in Betracht gezogen werden, welcher die Anwendung des Vergleichsverfahrens wenn auch nicht ganz unmöglich machen, so doch hinsichtlich größerer Genauigkeit beeinträchtigen wird. Dieser Fall tritt ein, wenn in der Gesamtleitung des Förderwassers Ventildurchlässe vorhanden sind. Das der Berechnung von H_{lt} zugrunde gelegte Proportionalitätsgesetz wird für solche Strecken der Gesamtleitung, in welchen sich Ventildurchlässe befinden, seine volle Gültigkeit nicht mehr beibehalten.

Wenn in der Saugerohrleitung ein Saugekorb mit Fußventil vorhanden ist, werden besonders bei sehr kleinen Fließgeschwindigkeiten, wie sie bei für sehr veränderliche Gangart unternommenen Pumpenversuchen vorkommen müssen, Unstimmigkeiten hinsichtlich genügend gesicherter Unveränderlichkeit des Festwertes ζ entstehen.

Daß die Leitwiderstände im Saugerohre nicht gleichmäßig mit dem Quadrate der Fließgeschwindigkeit im Saugerohre zunehmen, sondern einem davon ziemlich abweichenden

Gesetze folgen, ist durch Versuche nachgewiesen.[49]) Bei Versuchen ist es jedoch möglich, den Einfluß von Ventildurchlässen wirksam zu beseitigen, wenn die Förderhöhen durch Manometermessungen vor und hinter dem Laufrade der Pumpe bestimmt werden.

§ 30. Wasserstoß gegen die Schaufelstirnkanten.

Wenn auch auf Grund des Proportionalitätsgesetzes für die eigentlichen Leitarbeiten in den Sauge- und Druckröhren der diesen Verlustarbeiten entsprechende Anteil an der Erfahrungszahl ζ als Festwert gelten kann, so fragt es sich, ob diese Annahme auch noch zulässig ist für die übrigen im allgemeinen sehr verschiedenartigen Verlustarbeiten, welche ebenfalls in H_{lt} enthalten sein sollen.

Zu solchen besonderen Verlustarbeiten gehört auch der Arbeitsverlust, welcher bei mit gewisser Wanddicke ausgeführten Radschaufeln durch Aufstossen des Wassers auf die Stirnkanten der Radschaufeln entstehen muß. Dieser besondere Stoßverlust ist abhängig von der Schaufelzahl des Laufrades und der Leiträder und in der Stoßverlustarbeitshöhe H_{st} nicht mit enthalten, da H_{st} unter Annahme von unendlich vielen, unendlich dünnen Radschaufeln nach der älteren Theorie bestimmt wird.

Die besondere Berechnung des Stirnkantenstoßes könnte nur unter Zugrundelegung bestimmter Ausführungsannahmen für Schaufelzahl und Schaufelwanddicke durchgeführt werden, wobei noch zu berücksichtigen ist, daß der Stirnkantenstoß sehr gemildert werden kann durch entsprechende Zuschärfung der Schaufelenden. Auf derartige umständliche Berechnungen muß verzichtet werden, wenn eine allgemeiner brauchbare Berechnungsformel aus der Bilanzgleichung hergestellt werden soll.

Gegenüber der alle hydraulischen Leitungsverluste zusammenfassenden Gesamtleitarbeitshöhe H_{lt} erscheinen die besonderen Arbeitsverluste durch Stirnkantenstoß so nebensächlich, daß ihr Einfluß wohl genügend mit berücksichtigt ist, wenn ζ als Erfahrungszahl aus Pumpenversuchen im ganzen abgeleitet wird.

---

[49]) Ernst Förster, Vergleichende Versuche an Kreiselpumpen, Breslau, 1905, S. 6, § 4, Fig. 3.

§ 31. Spaltwasserverlust.

Für den hydraulischen Arbeitsverlust infolge zurückfließenden Spaltwassers ist zunächst die Spaltweite beim Laufradanschlusse maßgebend. Die Spaltwassermenge wird der tatsächlich gelieferten Wassermenge Q proportional zu setzen sein. Statt einer genaueren Berechnung der dieser Spaltwassermenge entsprechenden Verlustarbeitshöhe kann angenommen werden, daß diese Arbeitshöhe ebenfalls der Geschwindigkeitshöhe $\frac{w_a^2}{2g}$ proportional verläuft.

Dann kann die Spaltwasserverlustarbeit angesehen werden als bereits in dem allgemeinen Ausdrucke der Gesamtleitarbeitshöhe nach

$$H_{lt} = \zeta \frac{w_a^2}{2g}$$

mit enthalten.

Eine genauere Berücksichtigung des besonderen Einflusses des Spaltwasserverlustes in der Bilanzgleichung muß entbehrlich sein, wenn durch Einführung des Erfahrungswertes ζ bereits eine praktischen Anforderungen genügende Übereinstimmung von Rechnung und Versuch erreicht werden kann.

§ 32. Verschiedenheit von H_{st} und H_{lt}.

Die in der Bilanzgleichung auftretenden beiden hydraulischen Verlustarbeitshöhen, die Stoßverlustarbeitshöhe H_{st} und die alle einzelnen, sehr mannigfachen Leitarbeiten des Förderwassers zusammenfassende Verlustarbeitshöhe H_{lt}, sind sehr wesentlich voneinander zu unterscheiden. Ihre Verschiedenheit ergibt sich hinsichtlich ihrer Veränderlichkeit bei wechselndem Betriebszustande der Pumpe.

H_{st} ist bestimmbar neben Radfestwerten durch die veränderlichen v_a und w_a, wogegen H_{lt} neben ζ nur von w_a abhängig ist. Danach folgen H_{st} und H_{lt} verschiedenen Änderungsgesetzen.

Beim Leergange der Pumpe muß H_{lt} zu Null angenommen werden. Dagegen entstehen beim Leergange die sogenannten Turbulenzzustände, deren kraftverzehrende Wirkung wesentlich auf Wasserstöße, also auf einen Arbeitsverlust nach H_{st} zurückgeführt werden muß. Während beim Leergange H_{lt} zu Null geworden ist, hat H_{st} einen beträchtlichen Wert.

Ein entgegengesetztes Verhältnis beider Arbeitshöhen ergibt sich, wenn stoßfreier Gang der Pumpe angenommen wird. Während hier H_{st} zu Null geworden ist, muß H_{lt} infolge Wasserförderung einen beträchtlichen Wert erreichen.

Die Verschiedenheit beider Änderungsgesetze läßt es jedenfalls nicht zu, H_{st} und H_{lt} in der Bilanzgleichung durch einen Gesamtwert in der Weise zusammenzufassen, daß die hydraulische Raddreharbeit gleichgesetzt wird der Summe aus reiner Hebearbeit nach $\mathfrak{H}$ und hydraulischer Gesamtwiderstandsarbeit, da dann für das Veränderlichkeitsgesetz dieses Gesamtwiderstandes jede Grundlage fehlt. Die auf solcher Zusammenfassung von H_{st} und H_{lt} beruhenden Berechnungen, wie sie häufig durchgeführt werden, können nicht zu einer brauchbaren Berechnungsformel gelangen.

§ 33. Die Stoßberechnungen.

Die praktische Brauchbarkeit einer aus der Bilanzgleichung

$$\mathfrak{H}_h = \mathfrak{H} + H_{st} + H_{lt}$$

ableitbaren Berechnungsformel beruht wesentlich auf den mehr oder weniger zutreffenden Gesetzen, welche für die Veränderlichkeit der einzelnen Arbeitshöhen zugrunde gelegt werden.

Die nach der älteren Theorie für die Raddreharbeitshöhe $\mathfrak{H}_h$ aufgestellten Formeln werden ziemlich allgemein als gültig anerkannt und zumeist auch entsprechend angewendet.

Anders ist dies aber hinsichtlich der Bestimmung der Stoßverlustarbeitshöhe H_{st}. Statt der nach der älteren Theorie aufstellbaren Berechnung werden hier wesentlich abweichende geltend gemacht. Solche Stoßberechnungen sind auch bei Wasserturbinen notwendig. Die Abweichungen, welche auf verschiedener Anschauung beruhende Stoßberechnungen in ihren Ergebnissen bei einer Turbine herbeiführen müssen, hat Bartl[50]) an einem Rechnungsbeispiele sehr eingehend behandelt.[51])

Die hier bestehenden Zweifel an der Zuverlässigkeit der nach der älteren Theorie durchführbaren Berechnung von H_{st} haben bereits häufig dazu geführt, auf die Stoßberechnung bei Ableitung der Berechnungsformel einer Schleuderpumpe ganz zu verzichten. So sagt Busse[52]): „Wird ein großes Gewicht auf die Stoßverluste beim Eintritt des Wassers in das Laufrad und beim Übergang vom Laufrad in das Leitrad gelegt; man weiß

---

[50]) Zeitschrift des österreichischen Ingenieur- und Architektenvereines, 1908, Nr. 45 und 46. Die Turbine, 1909, S. 197.

[51]) Vgl. auch Zeitschrift für das gesamte Turbinenwesen, 1909, S. 527.

[52]) Zeitschrift für das gesamte Turbinenwesen, 1907, S. 478.

aber sehr wenig darüber, wie dieser Stoß wirklich verläuft, weil keine Versuche hierüber vorliegen".

Trotz solcher Zweifel wird aber die Anwendung der nach der älteren Theorie aufstellbaren Stoßberechnungen zweckmäßig sein, wenn sie zu einer praktisch brauchbaren Berechnungsformel führen kann.

§ 34. Allgemeine Gültigkeit der Berechnungsformel.

In gleicher Art, wie hinsichtlich der Gültigkeit der Stoßberechnungen Zweifel geltend gemacht werden, kann auch

$$H_{it} = \zeta \frac{w_a^2}{2g}$$

nur unter gewissen Näherungsannahmen so aufgestellt werden.

Wenn nun trotz nicht abzuleugnender Unsicherheit aus der Bilanzgleichung nach der älteren Theorie die Berechnungsformel abgeleitet und bei dem Vergleichsverfahren von Rechnung und Versuch zugrunde gelegt wird, so kann es sich nur darum handeln, auf möglichst kurzem Wege eine zutreffende Bestimmung des veränderlichen Verhaltens der Pumpe zu gewinnen und damit dem praktischen Bedürfnis zu genügen. Wenn die abgeleitete Berechnungsformel es ermöglicht, ihre Rechnungsergebnisse mit Versuchsergebnissen in Einklang zu bringen, so ist damit allerdings noch nicht erwiesen, daß die einzelnen hydraulischen Gesetze, welche bei Durchführung der Berechnung benutzt wurden, auch in voller Schärfe zutreffen müssen. Keineswegs werden dadurch weitere experimentelle Untersuchungen überflüssig gemacht. Die Gewinnung einer Übersicht kann auch schon ermöglicht werden ohne ein der strengen Wissenschaftlichkeit entsprechendes Eingehen auf alle bei der Gesamtwirkung als maßgebend auftretenden Einzelerscheinungen.

Einer solchen wesentlich praktischen Anschauung hat Rüdenberg[53]) Ausdruck gegeben: „Während es eine Aufgabe für den Mathematiker ist, eine gegebene Frage bis auf die letzten formalen Feinheiten durchzuarbeiten, kommt es bei dem Ingenieur meist auf ganz andere Fähigkeiten an: Er muß . . . . . einen qualitativ richtigen und quantitativ genügenden Überschlag über die auftretenden Erscheinungen in verhältnismäßig kurzer Zeit machen können."

---

[53]) Zeitschrift des Vereines deutscher Ingenieure, 1909, S. 1510.

Auch Pichelmayer hat in gleicher Art „über die Bedürfnisse und Aufgaben des schaffenden Ingenieurs“ sich ausgesprochen[54]): „Nach meiner Meinung bestehen diese darin, die vorkommenden Probleme mit den einfachsten Mitteln in ihren Grundzügen zu erkennen und zu lösen. Eine zu weitgehende Analyse hat für den schaffenden Ingenieur nicht viel Wert, weil dieser in der Regel nicht genügend überschüssige Zeit und Arbeitskraft hat, um sie verfolgen zu können. Oft sieht er dann auch den Wald vor lauter Bäumen nicht. Andererseits hat die Wissenschaft kein Interesse, Erscheinungen an technischen Apparaten, in denen nur bekannte Naturkräfte wirken, bis in solche Details zu verfolgen, die auch den Ingenieur nicht mehr interessieren. Damit ist natürlich nicht einer unwissenschaftlichen Behandlung technischer Probleme das Wort geredet. Das Kennzeichen der Wissenschaftlichkeit sei jedoch das Streben zur Vereinfachung und Eleganz, zur Verallgemeinerung und zur vernünftigen Beschränkung der Analyse.“

Mit Recht fügt Kübler a. a. O. die Bemerkung hinzu: „Das sind Worte, die bei vielen Ingenieuren Widerhall finden werden.“

Nach solchen maßgebenden Anschauungen muß auch hier erkannt werden, daß für eine dem ausübenden Ingenieur dienliche Übersichtsgewinnnung die aus der älteren Theorie ableitbaren Berechnungsformeln der Schleuderpumpen durchaus genügen werden, wenn dadurch vorliegende Versuchsergebnisse auch auf Rechnungsgrundlage gebracht werden können.

§ 35. Auswahl eines Ausführungsbeispieles.

Über das Vergleichsverfahren selbst hier noch weiterhin allgemeine Angaben vorauszuschicken, wird entbehrlich sein. Die allgemeine Behandlung des für alle Ausführungsfälle durchführbaren Vergleichsverfahrens würde zuvor die Ableitung der für die verschiedenen Pumpenbauarten gültigen Berechnungsformeln bedingen. Hier muß es aber doch notwendiger sein, zuvor die Gebrauchsfähigkeit solcher Berechnungen festzustellen. Dazu wird der Beweis zu erbringen sein, daß überhaupt solche Berechnungen zu dem in § 5 angegebenem praktischen Ziele führen können.

Es muß deshalb — und zwar in möglichst zahlreichen und möglichst verschiedenartigen Ausführungsfällen — gezeigt

---

54) Zeitschrift des Vereines deutscher Ingenieure, 1909, S. 793.

werden, daß durch Anwendung einer die Leitarbeitsvorzahl ζ neben Radfestwerten enthaltenden Berechnungsformel mittels des Vergleichsverfahrens zunächst ζ als Erfahrungswert zahlenmäßig ermittelt werden kann. Mit der danach gebrauchsfähigen Berechnungsformel sind alle praktisch wichtigen Fragen, wie sie besonders in § 13 angegeben wurden, zu beantworten.

Behufs Vorführung des Vergleichsverfahrens wird es sich empfehlen, in erster Linie Pumpen älterer Bauart ohne vor- oder nachgeschaltete Leiträder in Betracht zu ziehen. Daß für diese älteren Pumpenbauformen insbesondere das Bedürfnis besteht, ihre wechselnde Leistung rechnerisch festzustellen, wurde in § 11 nachgewiesen. Bei diesen ohne Leitrad gebauten Pumpen treten sehr beträchtliche Wasserstoßwirkungen auf, sodaß hier sich auch die besondere Gelegenheit bietet, die analytische Berechnung der Stoßwirkungen nach der älteren Theorie hinsichtlich Übereinstimmung mit Versuchsergebnissen nachzuprüfen.

§ 36. Die Versuche von Hagens.

Über mit verschiedenen Hebewerken einfachster Bauart durchgeführte Versuche hat H. Hagens ausführliche Angaben veröffentlicht, auf welche in § 10 bereits hingewiesen werden konnte. Da gerade diese Hagens'schen Versuche zufolge § 2 bereits mehrfach theoretischer Nachrechnung unterworfen worden sind, wird es sich empfehlen, zur erfolgreichen Anwendung des hier zu behandelnden Vergleichsverfahrens von Rechnung und Versuch ein Ausführungsbeispiel aus den von Hagens untersuchten Kreiselrädern auszuwählen.

§ 37. Pumpe 182.

Die von Hagens untersuchten Hebewerke arbeiten als Schleuderpumpen mit stehender Welle bei geringen Förderhöhen meist unter 1,5 m. Sie besitzen weder ein Leitrad, noch ein ausgebildetes Saug- und Druckrohr.

Von diesen Kreiselpumpen soll hier das als Hebewerk „Schnecken“ benannte Kreiselrad unter der kurzen Bezeichnung „Pumpe 182“ hinsichtlich der mit diesem Kreiselrade angestellten Versuche durchgerechnet werden. Der Vergleich der Versuchsangaben mit den aus der Rechnung sich ergebenden Bestimmungen wird es ermöglichen, über die Anwendbarkeit der älteren Theorie ein Urteil zu gewinnen.

§ 38. Bauform der Pumpe 182.

Die Konstruktionszeichnung des Laufrades[55]) der Pumpe 182 ist durch Fig. 1 und 2 wiedergegeben. Im ganzen sind 12 Schaufeln vorhanden, von denen jedoch vier bis zur Radnabe hinanreichen. Der Eintritt des Wassers in das Laufrad geschieht in diesen vier Schaufeln, während die übrigen acht Schaufeln nur zur besonderen Leitung des Arbeitswassers innerhalb der durch die vier längeren Schaufeln bereits an der Eintrittsstelle des Laufrades gebildeten vier eigentlichen Radzellen dienen. Der Wassereintritt erfolgt in nahezu achsialer Richtung an den in der Nähe der Radnabe in radialer Richtung besonders stark gekrümmten Hauptschaufeln. Diese Schaufelung kann für die hydraulische Wirkung nicht vorteilhaft sein, da hier beträchtliche Stoßwirkungen auftreten müssen.

Ein ganz kurzer Rohransatz schließt sich unterhalb des Laufrades an dieses an und vermittelt die Zuleitung der Arbeitswassers an achsialer Richtung. Die stehende Welle des Pumpe wird mittels doppelter Rückübersetzung von einer einfachen Kondensationsmaschine aus angetrieben.

§ 39. Allgemeine Schaufelung des Laufradeinlaufes.

Fig. 3 gibt das allgemeine Schema der Schaufelung einer Schleuderpumpe am Laufradeinlaufe, wenn ein mit Leitschaufeln versehenes Leitrad vorgeschaltet ist. Die Geschwindigkeiten gelten in Sekundenmeter. v_e Radgeschwindigkeit am Eintritt des Laufrades mit Halbmesser r_e. c_l Geschwindigkeit des angesaugten Förderwassers unmittelbar vor dem Eintritte in das Laufrad tangential zur Leitschaufel.

Die Schaufelwinkel bestimmen sich aus den betreffenden Geschwindigkeitsrichtungen. α_l ist der zu c_l gehörige Zutrittswinkel des angesaugten Wassers, gebildet von c_l und v_e. w_e Gleitgeschwindigkeit des Eintrittswassers am Laufschaufelbeginne, tangential zur Laufschaufel. β_e Schaufelwinkel am Laufradeintritte, gebildet von v_e und w_e. c_e Eintrittsgeschwindigkeit am Laufradbeginne, gebildet aus v_e und w_e.

$$c_e^2 = v_e^2 + w_e^2 + 2 v_e w_e \cos \beta_e.$$

Eine Beziehung zwischen w_e und c_l ergibt sich aus der hier anzunehmenden Aufschlagmündungsgleichheit[56]) mit

$$w_e \sin \beta_e = c_l \sin \alpha_l.$$

---

[55]) Zeitschr. d. Ver. deutscher Ingenieure, 1905, S. 810, Fig. 8 u. 9.

[56]) „A. T. d. T.“, § 25, S. 34.

§ 40. Schaufelung der Pumpe 182 am Laufradeinlaufe.

Bei Pumpe 182 fehlt ein Vorderleitrad. Danach ist $\alpha_l = 90^0$ anzunehmen. Der Schaufelwinkel am Laufradeintritt ist zufolge Fig. 1 und 2 $\beta_e = 90^0$, da hierfür nur die vier Hauptschaufeln des Laufrades maßgebend sind.

$$c_e^2 = v_e^2 + w_e^2.$$

$$c_l = w_e.$$

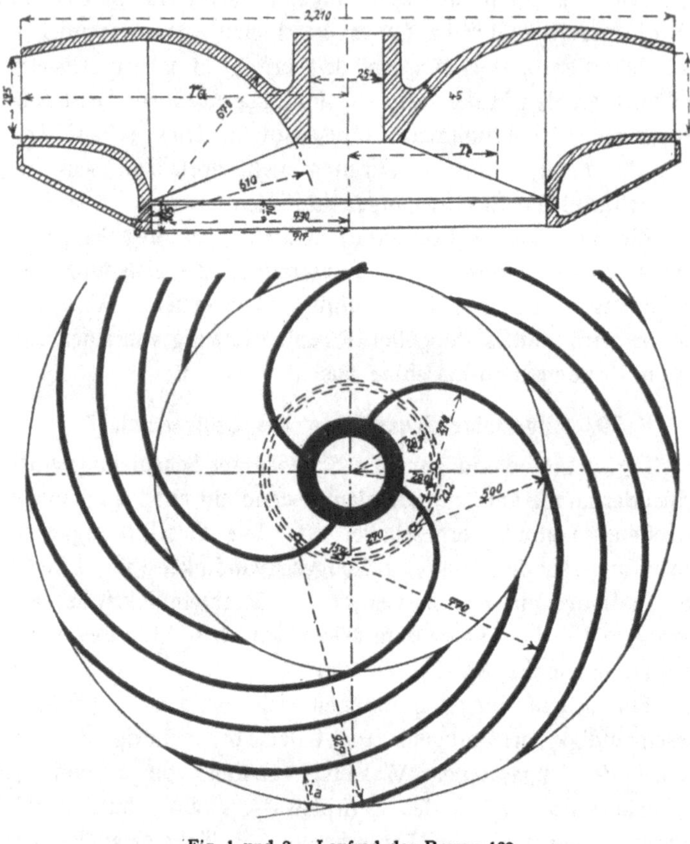

Fig. 1 und 2. Laufrad der Pumpe 182.

Fig. 4 zeigt entsprechend die Schaufelung der Pumpe 182 am Laufradbeginne.

§ 41. $\alpha_l = 90^0$.

In Fig. 4 wurde $\alpha_l = 90^0$ und damit c_l achsial gerichtet angenommen. Diese Annahme würde unbedingt richtig sein, wenn vor dem Laufrade achsial gerichtete Leitschaufeln vorhanden wären. Daß für den ohne solche Leitschaufeln frei-

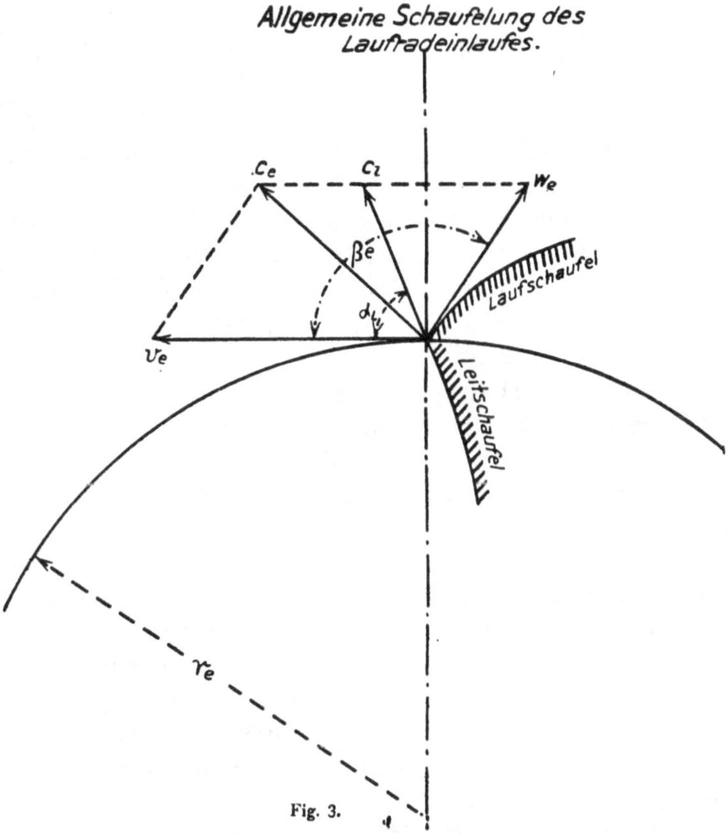

Fig. 3.

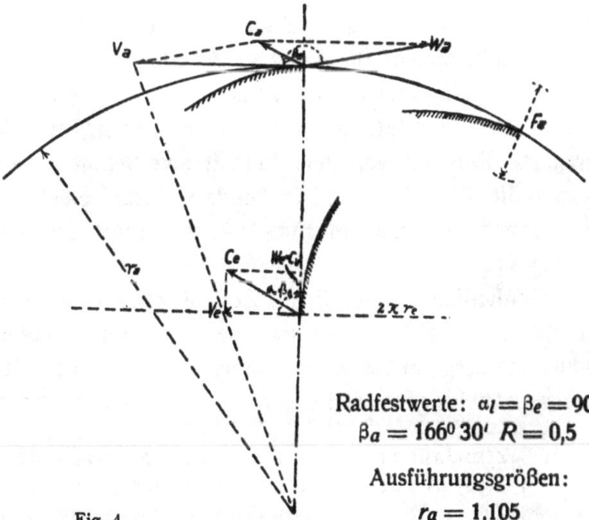

Fig. 4.
Schaufelung der Pumpe 182.

Radfestwerte: $\alpha_l = \beta_e = 90^0$
$\beta_a = 166^0\,30'$ $R = 0{,}5$

Ausführungsgrößen:
$r_a = 1{,}105$
$F_a = 0{,}396$

strömenden Wasseraustritt auch $\alpha_l = 90^0$ zutrifft, wird häufig nicht nur angezweifelt, sondern solche Möglichkeit wird sogar verneint.

In bezug auf die nach der älteren Theorie gültige Gleichung für die Stoßberechnung, bei welcher die Richtung von c_l beim Fehlen eines Vorderleitrades mit $\alpha_l = 90^0$ angenommen wird, sagt Schulze-Pillot:[57]) „Offenbar wird sich aber infolge des auftretenden Stoßes eine kreisende Bewegung des Wassers im Saugrohr einstellen, die die weitere Verwendung der genannten Gleichung auch als rohe Annäherung ausschließt."

Ebenso hat Hermanuz[58]) „die Voraussetzung fallen gelassen . . ., daß das Wasser radial eintrete. Die Reibung des Laufrades in dem ausfließenden Wasser bringt letzteres schon in schwach rotierende Bewegung, wie durch Sandablagerung bewiesen wird."

Auch Escher hat ausgesprochen: „Wahrscheinlich wird sich beim Eintritt die Wirkung der Drehbewegung nicht unerheblich rückwärts nach der Achse zu erstrecken."[59])

Solchen Zweifeln stehen aber auch andere Anschauungen gegenüber, wonach eine Rückwirkung des mit Schrägrichtung nach c_e in Fig. 4 in das Laufrad eingetretenen Förderwassers auf das noch nicht zum Eintritt gelangte Saugwasser nicht angenommen werden kann.

So sagt Blaeß:[60]) „Wie sich durch Versuche an Ventilatoren mit Hilfe eines schwachen Dampfstrahles oder Rauch zeigen läßt, strömt die Luft im Ansaugeraum stets radial nach den Schaufeln, und es liegt keine Veranlassung vor, bei irgend einer zur Verwendung kommenden Flüssigkeit eine selbsterzeugte Rotation vor dem Eintritt anzunehmen, da diese nur durch die Zähigkeit der fließenden Masse entstehen könnte, die jedoch bei allen in Frage kommenden Substanzen sehr gering ist."

Schließlich ist hier für die Zulässigkeit von $\alpha_l = 90^0$ geltend zu machen, daß mit dieser die Rechnung vereinfachenden Annahme Ergebnisse zu gewinnen sind, welche mit den Versuchsermittelungen befriedigende Übereinstimmung zeigen.

---

57) Zeitschrift für das gesamte Turbinenwesen, 1906, S. 517.

58) Zeitschrift des Vereines deutscher Ingenieure, 1901, S. 149.

59) Zeitschrift des Vereines deutscher Ingenieure, 1905, S. 1260.

60) Zeitschrift für das gesamte Turbinenwesen, 1907, S. 471.

Sagt doch auch Schulze-Pillot a. a. O.: „Einstweilen erscheint es aber doch den praktischen Zielen förderlicher zu sein, wenn derartige ungewöhnliche Verhältnisse an Hand von aufgenommenen Versuchskurven dem Urteil des Ingenieurs erschlossen werden, als daß eine zahlenmäßige Berechnung mit unzulässigen Mitteln versucht wird."

§ 42. Schaufelung der Pumpe 182 am Laufradauslaufe.

Fig. 4 zeigt auch die Schaufelung der Pumpe 182 am Laufradauslaufe für den äußeren Radhalbmesser r_a mit Radgeschwindigkeit v_a.

w_a Gleitgeschwindigkeit tangential zum Auslaufe der Radschaufel.

β_a Schaufelwinkel am Laufradaustritte, gebildet von v_a und w_a.

c_a Austrittsgeschwindigkeit, gebildet aus w_a und v_a.

$$c_a^2 = v_a^2 + w_a^2 + 2 v_a w_a \cos \beta_a.$$

Nach den a. a. O. vorliegenden Annahmen ist $\beta_a = 166^0 30'$ anzunehmen.

§ 43. Halbmesserverhältnis der Pumpe 182.

Entsprechend Fig. 1 wird $r_a = 1{,}105$ zu setzen sein. Als Eintrittsmündung des Laufrades muß nach Fig. 1 eine ziemlich flach liegende Kegelringfläche gelten, deren äußerer Halbmesser laut Angabe a. a. O. 0,675 betragen soll.

Der in die Rechnung als mittlerer Halbmesser r_e dieser kegelförmigen Eintrittsmündung einzuführende Wert könnte gefunden werden, wenn, wie dies auch bei Berechnung von Francisturbinen üblich ist, das Laufrad durch Annahme von Strahllinien des Eintrittswassers in eine Anzahl von Teilrädern zerlegt wird. Um die Umständlichkeit einer solchen Berechnungsweise zu vermeiden, kann hier in Betracht gezogen werden, daß es zulässig sein muß, aus den Versuchsergebnissen selbst Rückschlüsse auf die Bestimmung von solchen Radfestwerten zu ziehen, welche nicht unmittelbar mit genügender Sicherheit aus der Konstruktionszeichnung der Pumpe sich entnehmen lassen. Es kann deshalb hier ein Probe-Verfahren durchgeführt werden, nach welchem für r_e einzelne Zahlenwerte als wahrscheinlich zutreffend vorläufig angenommen werden, um mit diesen Werten die Berechnung der Wasserlieferung der Pumpe vorzunehmen.

Als wirklich maßgebender Wert von r_e wird dann derjenige Zahlenwert angesehen, mit dessen Verwendung die berechneten Wasserlieferungen am besten mit den aus den Versuchen sich ergebenden übereinstimmen.

Auf Grund eines ähnlichen Probeverfahrens hat auch Oesterlen für eine Francis-Turbine den mittleren Austrittshalbmesser des Laufrades nach Versuchsergebnissen bestimmt.[61])

Nach den für Pumpe 182 vorgenommenen Probeberechnungen kann $r_e = 0,5525$ geschätzt werden, und danach würde sich ein Halbmesserverhältnis

$$R = \frac{r_e}{r_a} = 0,5$$

ergeben.

§ 44. Radlaufquerschnitte der Pumpe 182.

Ähnliche Schwierigkeiten bietet die genauere Bestimmung des Austrittsquerschnittes am Laufrade.

Hierzu sagt Busse[62]), daß es üblich sei, „den endlichen Hohlraum zwischen zwei Schaufeln und den Seiten des Laufrades zu betrachten und dann mit einem mittleren Stromfaden in diesem Hohlraum zu rechnen. Bei diesem Rechnungsvorgange müssen Voraussetzungen gemacht werden über die einzuführenden Ein- und Austrittsquerschnitte, die natürlich nur mehr oder weniger gut mit der Wirklichkeit übereinstimmen."

Der Austrittsquerschnitt ist zu bestimmen nach

$$F_a = z_a \, b_a \, i_a.$$

Hier gilt $z_a = 12$ als Schaufelzahl am äußeren Radumfange. Die lichte Höhe des äußeren Radkranzes ist a. a. O. mit $b_a = 0,275$ angegeben. Nach Fig. 2 läßt sich die lichte Weite einer Schaufelzelle mit $i^a = 0,12$ abschätzen. Nach diesen Einzelwerten ergibt sich $F_a = 0,396$ als eine Ausführungsgröße der Pumpe.

Eine besondere Bestimmung des Eintrittsquerschnittes am Laufrade ist für die mit $\beta_e = 90^0$ gebaute Pumpe nicht notwendig, da die erforderlichen Rechnungen nach der älteren Theorie durchführbar sind, ohne dieses Radfestwertes zu bedürfen.

Die hierdurch abgeschätzten Radfestwerte und Ausführungsgrößen sind in Fig. 4 eingetragen.

---

[61]) Fritz Oesterlen, Zur Theorie der Francisturbinen, Berlin, 1908, S. 105.

[62]) Zeitschrift für das gesamte Turbinenwesen, 1907, S. 479.

§ 45. Die Raddreharbeitshöhe.

Um die Berechnungsformel für veränderliche Wasserlieferung der Pumpe 182 zu erhalten, ist von der in § 19 aufgestellten Bilanzgleichung

$$\mathfrak{H}_h = \mathfrak{H} + H_{st} + H_{lt}$$

auszugehen.

Die Raddreherarbeitshöhe $\mathfrak{H}_h$ bestimmt sich nach der älteren Theorie aus der Gleichung[63])

$$g\mathfrak{H}_h = v_a^2 + v_a w_a \cos \beta_a - v_e c_l \cos \alpha_l.$$

Mit $\cos \alpha_l = 0$ wird hier einfacher

$$g\mathfrak{H}_h = v_a^2 + v_a w_a \cos \beta_a$$

für Pumpe 182 gültig.

§ 46. Die Stoßnutzarbeitshöhe.

Nach der älteren Theorie wird $\mathfrak{H}_h$ aufgefaßt als zusammengesetzt aus zwei besonderen Arbeitshöhen. Die eine derselben entspricht als Stoßnutzarbeitshöhe $\mathfrak{H}_{l,e}$ der kraftäußernden Nutzarbeit der Stoßwirkung der Laufradschaufeln auf das Eintrittswasser. Die andere Arbeitshöhe gilt für die beim Durchfließen der Laufradschaufeln an das Förderwasser abgegebene Druckarbeit als besondere Druckarbeitshöhe $\mathfrak{H}_{e,a}$.

Danach entsteht[64]) $\mathfrak{H}_h = \mathfrak{H}_{l,e} + \mathfrak{H}_{e,a}.$

Wenn auch die Bestimmung dieser Einzelarbeitshöhen für die Aufstellung der Bilanzgleichung nicht benötigt wird, so möge doch die Berechnung dieser Arbeitshöhen hier aufgeführt werden behufs besonderer Erläuterung dieser der älteren Theorie eigentümlichen Anschauungen.

$\mathfrak{H}_{l,e}$ berechnet sich allgemein[65]) nach

$$g\mathfrak{H}_{l,e} = v_e (v_e + w_e \cos \beta_e - c_l \cos \alpha_l).$$

Für Pumpe 182 gilt mit $\cos \alpha_l = 0 = \cos \beta_e$

$$g\mathfrak{H}_{l,e} = v_e^2 = R^2 v_a^2.$$

§ 47. Die Druckarbeitshöhe.

Für die Druckarbeitshöhe wird nach der älteren Theorie folgende Gleichung[66]) aufgestellt:

$$g\mathfrak{H}_{e,a} = v_a (v_a + w_a \cos \beta_a) - v_e (v_e + w_e \cos \beta_e),$$

63) „A. T. d. T.“, Gl. (VII) und (VIIa), § 53 und 80, S. 71 u. 117.

64) „A. T. d. T.“, § 53, S. 71.

65) „A. T. d. T.“, Gl. (V) u. (Va) in § 51 u. 80, S. 70 u. 117.

66) „A. T. d. T.“, Gl. (VI) u. (VIa), § 52 u. 80, S. 71 u. 117.

welche mit Einführung von c_a und c_e auch allgemein

$$2g\mathfrak{H}_{e,a} = v_a^2 - v_e^2 - w_a^2 + w_e^2 + c_a^2 - c_e^2$$

geschrieben werden kann.

Für Pumpe 182 entsteht mit $R = \frac{v_e}{v_a}$ und $\cos\beta_e = 0$

$$g\mathfrak{H}_{e,a} = v_a \left\{ v_a (1 - R^2) + w_a \cos\beta_a \right\}$$

$$2g\mathfrak{H}_{e,a} = v_a^2 (1 - 2R^2) - w_a^2 + c_a^2.$$

§ 48. Die Stoßverlustarbeitshöhe.

Die Gesamtarbeitshöhe der Stoßverluste H_{st} setzt sich zusammen aus den vor dem Laufrade nach H_s stattfindenden Stoßverlusten und aus dem nach H_w beim Verlassen des Laufrades entstehenden Wasserstoße

$$H_{st} = H_s + H_w.$$

Für H_s stellt die ältere Theorie[67]) eine allgemeine Formel auf, welche mit

$$w_e \sin\beta_e = c_l \sin\alpha_l$$

übergeht in

$$2g H_s = (c_l \cos\alpha_l - v_e - w_e \cos\beta_e)^2$$

und mit

$$\cos\alpha_l = 0 = \cos\beta_e$$

einfach wird

$$2g H_s = v_e^2 = R^2 v_a^2.$$

Für H_w ergibt die ältere Theorie[68])

$$2g H_w = c_a^2 = w_a^2 + v_a^2 + 2 v_a w_a \cos\beta_a,$$

so daß entsteht für Pumpe 182

$$2g H_{st} = v_a^2 (1 + R^2) + w_a^2 + 2 v_a w_a \cos\beta_a.$$

§ 49. Diffuserwirkung.

Die Bestimmung $$H_w = \frac{c_a^2}{2g}$$

entspricht zunächst der Annahme, daß die kinetische Energie des mit c_a austretenden Förderwassers beim Auftreffen auf das anstehende Druckwasser vollständig verloren geht. Würde dieses Austrittswasser, statt unmittelbar auf das anstehende Druckwasser aufzutreffen, in einem das Laufrad umgebenden Gehäuse, in einem sogenannten Diffuser, entsprechend ge-

---

67) „A. T. d. T.", Gl. (II) u. (IIa), § 45 u. 80, S. 66 u. 116. Eine Ableitung der allgemeinen Gleichung für H_s auf Grund des unelastischen Stoßes zweier Körper geben die Verhandlungen des Vereins für Gewerbefleiß, 1868, S. 91. Vergl. auch Oesterlen, Zur Theorie der Francis-Turbinen, Berlin, 1908, S. 17, Gl. (19).

68) „A. T. d. T.", Gl. (IV) u. (IVa), § 48 u. 80, S. 68 u. 117.

leitet, so könnte c_a in Pressung umgewandelt, und so der Stoßarbeitsverlust H_w vermieden oder doch vermindert werden.

Über die von Hagens durchgeprobten Schleuderpumpen bemerkt Bánki: „Hingegen fehlen bei den untersuchten Kreiselpumpen die Diffuser, wodurch bei ihnen die absolute Austrittsgeschwindigkeit zum bedeutenden Schaden ihrer Wirkungsgrade verloren geht.“ [69])

Dieser Bemerkung gegenüber sagt Hagens a. a. O. „daß alle von mir untersuchten Kreisel in gewissem Sinne mit einem Diffuser versehen sind . . . . . einen Vorteil des Diffusers konnte ich nicht feststellen.“

Auch Brun [70]), welcher die Diffuserwirkung besonders rechnerisch behandelt hat, äußert sich entsprechend: „ist es . . . . ersichtlich, daß bei einer derartigen Konstruktion die Geschwindigkeit beim Austritt aus dem Laufrade fast vollständig verloren geht. Eine nennenswerte Drucksteigerung hinter dem Laufrade ist nicht mehr zu erwarten.“

Über die rechnerische Behandlung der Diffuserwirkung sagt Busse [71]): „Bei Pumpen, in welchen das Laufradwasser direkt in ein Spiral- oder eine ähnliches Gehäuse treibt, kennt man so gut wie nichts von dem Vorgange des Druckhöhengewinnes und von der Größe der stattfindenden Verluste.“

In dem hier vorliegenden Falle der Pumpe 182 muß die Frage, inwieweit eine die kinetische Energie der Austrittsgeschwindigkeit c_a besonders verwertende Wirkung des Diffusers tatsächlich eingetreten ist, durch die Ergebnisse der Versuche selbst zu entscheiden sein. Zunächst handelt es sich für den vorzunehmenden Vergleich von Versuch und Rechnung darum, ob die aufgestellte Bilanzgleichung

$$\mathfrak{H}_h = \mathfrak{H} + H_s + H_w + H_{lt}$$

und die daraus insbesondere mit

$$H_w = \frac{c_a^2}{2g}$$

abzuleitende Berechnungsformel überhaupt geeignet sind, auch die etwaige günstige Diffuserwirkung in Berücksichtigung zu ziehen. Um hierüber Klarheit zu schaffen, ist es nötig, auf die Ableitung der Bilanzgleichung, wie sie für Pumpe 182 gelten soll, näher einzugehen.

---

69) Zeitschrift des Vereins deutscher Ingenieure, 1905, S. 1060.
70) Zeitschrift des Vereins deutscher Ingenieure, 1907, S. 548.
71) Zeitschrift für das gesamte Turbinenwesen, 1907, S. 479.

§ 50. Ableitung der Bilanzgleichung.

Der Energiezustand des Förderwassers ist an verschiedenen Stellen der Gesamtleitung festzustellen. Als solche Stelle kommt zunächst der Unterwasserspiegel als Stelle E in Betracht mit (H_E) als Pegelhöhe, c_E als Zuflußgeschwindigkeit und h_E als Pressungshöhe, welche der barometrischen Wassersäule entspricht.

Eine zweite Stelle, mit l bezeichnet, gilt für den Zutritt des Wassers zum Laufrade mit Pegelhöhe (H_l), c_l als Zuflußgeschwindigkeit und h_l als Pressungshöhe.

Entsprechend gelten für die Austrittsstelle a des Laufrades (H_a), c_a und h_a.

Die vierte in Betracht kommende Stelle liegt am Oberwasserspiegel, wo (H_A), c_A und h_A gültig sind.

Für den Wasserlauf von Stelle E bis l in der Saugeleitung muß eine besondere Leitarbeitshöhe $\overset{l}{\underset{E}{H}}$ als Leitarbeitsverlust bestimmt werden, was nach dem Bernoulli'schen Prinzipe[72]) durch die Gleichung

$$\overset{l}{\underset{E}{H}} = (H_E) + h_E + \frac{c_E^2}{2g} - (H_l) - h_l - \frac{c_l^2}{2g}$$

geschehen kann.

Ebenso ergibt sich für die Druckleitung in der Leitungsstrecke von Stelle l bis A die hier entstehende Leitarbeitshöhe

$$\overset{A}{\underset{a}{H}} = (H_a) + h_a + \frac{c_a^2}{2g} - (H_A) - h_A - \frac{c_A^2}{2g}.$$

Werden diese beiden Gleichungen addiert, und wird dabei berücksichtigt, daß

$$\mathfrak{H} = (H_A) - (H_E),\ h_E = h_A,\ c_E = c_A$$

und

$$(H_a) - (H_l) = \mathfrak{h}_t$$

als Höhenunterschied der beiden Stellen a und l des Laufrades zu setzen ist, so entsteht

$$\overset{l}{\underset{E}{H}} + \overset{A}{\underset{a}{H}} - \frac{c_a^2}{2g} = -\mathfrak{H} + \mathfrak{h}_t + h_a - h_l - \frac{c_l^2}{2g}.$$

Der besondere Ausdruck

$$\overset{l}{\underset{E}{H}} + \overset{A}{\underset{a}{H}} - \frac{c_a^2}{2g}$$

betrifft die in der Zuleitung zum und in der Ableitung vom Laufrade entstandenen Verlustarbeiten und läßt erkennen, daß

---

72) „A. T. d. T.“, § 41, S. 57, Gl. (H).

die Geschwindigkeitshöhe $\frac{c_a^2}{2g}$ geeignet ist, insbesondere die auf der Druckseite benötigte Verlustarbeitshöhe $\overset{A}{\underset{a}{H}}$ in ihrer Wirkung so herabzumindern, daß auf der Druckseite für die an der Pumpenwelle zu leistende Betriebsarbeit nur noch die Differenz

$$\overset{A}{\underset{a}{H}} - \frac{c_a^2}{2g}$$

übrig bleibt.

Durch diesen Einfluß der Geschwindigkeitshöhe $\frac{c_a^2}{2g}$ auf Herabminderung der Leitarbeit wird der Wirkungsweise eines etwa vorhandenen Diffusers vollständig Rechnung getragen, ohne daß dabei die Annahme notwendig ist, daß diese Geschwindigkeitshöhe infolge von Stoßwirkung vollständig verloren gehe. Vielmehr besteht die besondere Arbeitswirkung von $\frac{c_a^2}{2g}$ in der Überwindung eines entsprechenden Teiles der Leitarbeitshöhe $\overset{A}{\underset{a}{H}}$.

Der dann für die Raddreharbeit zur Arbeitsleistung noch in Betracht kommende Anteil von $\overset{A}{\underset{a}{H}}$ und die Zuleitungsarbeitshöhe $\overset{l}{\underset{E}{H}}$ können zusammengefaßt werden nach

$$H_l = \overset{l}{\underset{E}{H}} + \overset{A}{\underset{a}{H}} - \frac{c_a^2}{2g},$$

sodaß entsteht

$$H_l = -\mathfrak{H} + \mathfrak{h}_l + h_a - h_l - \frac{c_l^2}{2g}$$

oder

$$h_a - h_l + \mathfrak{h}_l - \frac{c_l^2}{2g} = H_l + \mathfrak{H}.$$

Auch für die Leitung des Förderwassers zwischen den Stellen l und a, also für den Durchlauf des Laufrades selbst, kann nach dem Bernoulli'schen Gesetze bestimmt werden

$$\overset{a}{\underset{l}{\mathfrak{H}}} = (H_a) + h_a + \frac{c_a^2}{2g} - (H_l) - h_l - \frac{c_l^2}{2g},$$

wenn mit $\overset{a}{\underset{l}{\mathfrak{H}}}$ diejenige Arbeitshöhe bezeichnet wird, welche dem Energiezuwachs beim Durchlaufen des Laufrades entspricht. Dieser Energiezuwachs bestimmt sich nach

$$\overset{a}{\underset{l}{\mathfrak{H}}} = \mathfrak{H}_h - H_s - H_r,$$

indem die auf das Wasser einwirkende hydraulische Raddreharbeitshöhe vermindert werden muß, einmal um die Stoßverlustarbeitshöhe H_s beim Auftreffen auf die Laufradschaufeln nach § 48, und ferner um eine Leitarbeitshöhe H_r, welche infolge Wasserreibung, Wirbelbildung und Unregelmäßigkeit der Strahlfäden überhaupt innerhalb der Laufradzellen als Verlustarbeit entstehen muß. In die oben nach dem Bernoulli'schen Gesetze entwickelte Gleichung für $\overset{a}{\underset{i}{\mathfrak{H}}}$ ist ferner

$$(H_a) - (H_i) = \mathfrak{h}_t$$

zu setzen, sodaß aus dieser Gleichung gebildet werden kann

$$h_a - h_i + \mathfrak{h}_t - \frac{c_i^2}{2g} = \mathfrak{H}_h - H_s - H_r - \frac{c_a^2}{2g},$$

deren linke Seite übereinstimmt mit der für die beiden Leitungsstrecken E bis i und a bis A bereits abgeleiteten Gleichung. Danach entsteht unter Gleichsetzung der beiden rechten Seiten dieser Gleichungen

$$H_l + \mathfrak{H} = \mathfrak{H}_h - H_s - H_r - \frac{c_a^2}{2g}.$$

Die Leitarbeiten H_l und H_r entsprechen in ihrer Summe der Leitarbeitshöhe H_{lt} der Gesamtleitung vom Unterwasserspiegel bis Oberwasserspiegel, sodaß als Bilanzgleichung gesetzt werden muß

$$\mathfrak{H}_h = \mathfrak{H} + H_{lt} + H_s + \frac{c_a^2}{2g}.$$

Die anfänglich aufgestellte Bilanzgleichung lautete

$$\mathfrak{H}_h = \mathfrak{H} + H_{lt} + H_s + H_w,$$

so daß hiernach

$$H_w = \frac{c_a^2}{2g}$$

gesetzt werden muß, wie dies in § 48 geschah. Sonach ist bewiesen, daß die allgemeine Bilanzgleichung mit den für $\mathfrak{H}_h$, H_{lt}, H_s und H_w gültigen Rechnungswerten auch geeignet ist, eine etwaige günstige Diffuserwirkung bei Pumpe 182 in Berücksichtigung zu ziehen. Diese Berücksichtigung wird sich für die Versuchsergebnisse bei Bestimmung von

$$H_{lt} = \zeta \frac{w_a^2}{2g}$$

durch einen entsprechend verminderten Zahlenwert der Vorzahl ζ erkennbar machen.

§ 51. Die Berechnungsformel für Pumpe 182.

Werden die für Pumpe 182 gültigen, in § 45 und 48 für $\mathfrak{H}_h$ und H_{st} entwickelten Werte und ebenso nach § 24

$$H_{lt} = \zeta \frac{w_a^2}{2g}$$

in die Bilanzgleichung eingeführt, so entsteht aus derselben die Berechnungsformel

$$w_a^2 = \frac{v_a^2(1-R^2) - 2g\mathfrak{H}}{1+\zeta}$$

als für Pumpe 182 anwendbar.

Diese Formel entspricht der in § 17 aufgestellten Funktionsform

$$w_a = \text{funct}(\text{const}, v_a, \mathfrak{H})$$

und enthält neben den drei Veränderlichen w_a, v_a und $\mathfrak{H}$ und Vorzahl ζ nur den Radfestwert $R = \frac{r_e}{r_a}$.

Nach § 26 muß, um die Berechnungsformel verwenden zu können, ζ jedenfalls auch ein Festwert sein. Die Forderung wird bei Pumpe 182 erfüllt sein, da bei den mit dieser Pumpe durchgeführten Versuchen weder die Gesamtanlage geändert worden (§ 27), noch Ventileinschaltung (§ 29) vorhanden ist.

Mit Einführung der für die Pumpe bekannten Ausführungsgrößen F_a und r_a kann, entsprechend der in § 16 aufgeführten Funktionsform

$$Q = \text{funct}(\text{const}, n, \mathfrak{H}),$$

die Berechnungsformel für Pumpe 182 auch auf die Form

$$Q^2 \frac{1+\zeta}{F_a^2} = (1-R^2)\left(\frac{2\pi r_a}{60}\right)^2 n^2 - 2g\mathfrak{H}$$

gebracht werden. Hier kommen als Veränderliche die bei Versuchen meßbaren drei Größen Q, n, $\mathfrak{H}$ in Betracht.

§ 52. Schaubilder nach Q, n und $\mathfrak{H}$.

Um bei Pumpenversuchen, bei welchen Q bei verschiedenen $\mathfrak{H}$ und n gemessen wurde, die vorhandene Gesetzmäßigkeit zu übersehen, sind Schaubilder mit drei Koordinatenachsen erforderlich für räumliche Darstellung. Derartige Aufzeichnungen sind üblich.[73]) Um solche umständliche und dabei doch immer noch wenig übersichtliche Auftragung des Schaubildes überhaupt zu ermöglichen, werden, wie bereits in § 8 angegeben wurde, die Versuche so durchgeführt, daß zu ihrer Aufzeichnung eine ebene Kurvendarstellung genügt. Eine der drei Veränderlichen wird dann bei den Versuchen als unveränderlich beibehalten, so daß nur die Aufzeichnung

[73]) Vgl. z. B. Zeitschrift für das gesamte Turbinenwesen, 1907 S. 501, Fig. 9—13; 1908, S. 123, Fig. 14 und 15.

gegenseitiger Abhängigkeit der beiden anderen Veränderlichen noch notwendig ist.

Der erste Fall solcher Darstellungen ergibt sich, wenn bei den Versuchen $\mathfrak{H}$ ungeändert bleibt. Dann ist als Schaubild eine nQ-Kurve aufzuzeichnen. Jedoch läßt sich selten die Versuchseinrichtung mit unveränderlicher Förderhöhe nach in weiten Grenzen wechselnder Umdrehungszahl der treibenden Kraftmaschine durchführen.

Häufiger findet sich der zweite Fall, bei welchem n für alle Versuche unverändert bleibt. Dann ist die. $Q\mathfrak{H}$-Kurve aufzuzeichnen.

Der dritte Fall würde sich ergeben, falls Q von gleicher Größe bleiben könnte, so daß danach eine $n\mathfrak{H}$-Kurve aufzutragen wäre.

§ 53. Charakteristik der Pumpengruppe 182.

Bei den von Hagens mit Pumpe 182 angestellten Versuchen wurden veränderliche Wasserlieferungen bei verschiedenen Umdrehungszahlen und bei verschiedenen Förderhöhen durchgeführt. Die Anwendung der Berechnungsformel für diese Versuche setzt danach die drei Veränderlichen Q, n und $\mathfrak{H}$ voraus.

Um solche Veränderlichkeit auch durch ein einfaches Schaubild übersehen zu können, aber unter Vermeidung räumlicher Darstellung, ist es zweckmäßig, für Pumpe 182 von der abgeleiteten Berechnungsformel

$$w_a^2 (1 + \zeta) = v_a^2 (1 - R^2) - 2g\mathfrak{H}$$

auszugehen. Eine möglichst einfache und übersichtliche Auftragung des Schaubildes kann hier ermöglicht werden durch Umformung der Berechnungsformel, indem die dritte Veränderliche $\mathfrak{H}$ überhaupt beseitigt wird.

Dies wird dadurch erreicht, daß in die Formel die sogenannte Gefällgeschwindigkeit[74])

$$\mathfrak{C} = \sqrt{2g\mathfrak{H}}$$

eingeführt und

$$\mathfrak{x} = \frac{v_a}{\mathfrak{C}}$$

---

[74]) In „A. T. d. T." ist in gleicher Art für die Turbinenberechnung, dem Gefälle entsprechend, die Gefällsgeschwindigkeit $C = \sqrt{2gH}$ bestimmt und dadurch ermöglicht worden, die Berechnungen zunächst unabhängig von der Gefällhöhe H allgemeiner durchzuführen. „A. T. d. T.", § 92, S. 131.

als Radlaufgrad[75]) und

$$\mathfrak{w} = \frac{w_a}{\mathfrak{C}}$$

als Wasserlaufgrad[76]) besonders bestimmt werden.

Nach Einführung dieser Werte erhält die Berechnungsformel die einfache Gestalt

$$\mathfrak{w}^2 = \frac{\mathfrak{x}^2 (1 - R^2) - 1}{1 + \zeta}$$

mit nur noch zwei Veränderlichen $\mathfrak{w}$ und $\mathfrak{x}$.

Diese Formel bildet die Charakteristik einer Pumpe, welche ohne Leitrad mit $\beta_e = 90^0$ gebaut ist. In dieser Charakteristik sind nur der Radfestwert R und die Vorzahl ζ noch weiterhin maßgebend, um danach für gegebene Werte $\mathfrak{x}$ die zugehörigen Werte $\mathfrak{w}$ zu berechnen.

Für Pumpe 182 ist $R = 0{,}5$ in § 43 bereits angegeben worden. Als Berechnungsformel entsteht

$$\mathfrak{w}^2 (1 + \zeta) = 0{,}75\, \mathfrak{x}^2 - 1.$$

Diese einfache Gleichung bestimmt die Charakteristik der Gruppe, zu welcher Pumpe 182 gehört. Die verschiedenen Gattungen dieser Gruppe unterscheiden sich noch durch die Vorzahl ζ, also je nach der besonderen Anordnung der Gesamtleitung des Förderwassers. Ist ζ und damit die Gattung bestimmt, so bildet die Pumpe 182 für diese Gattung einen einzelnen Ausführungsfall nach den besonderen Ausführungsgrößen r_a und F_a.

Der für die ausgeführt vorliegende Pumpe 182 gültige Zahlenwert von ζ ist gemäß § 6 als Erfahrungswert aus den vorliegenden Versuchsergebnissen durch Vergleich von Rechnung und Versuch abzuleiten.

§ 54. Wasserlieferung der Pumpe 182 nach Versuchen.

Die a. a. O. mitgeteilten Versuchsergebnisse sind in Zahlentafel 1 zusammengestellt für vier einzelne Versuche, mit I bis IV bezeichnet. Die Umdrehungszahlen n sind nach den für v_a angegebenen Werten berechnet. $\mathfrak{H}$ sind die gemessenen Förderhöhen und Q die gemessenen Wassermengen.

---

[75]) Für die Turbinenberechnung gilt in gleicher Art $x = \frac{v_a}{C}$ als Radlaufgrad der Turbine. „A. T. d. T." § 92, S. 132.

[76]) Für die Turbine gilt in gleicher Art $w = \frac{w_a}{C}$ als Wasserlaufgrad. „A. T. d, T." § 100, S. 144.

Die weiterhin in Zahlentafel 1 enthaltenen, zu den Einzelversuchen gehörigen Radlaufgrade $\mathfrak{x}$ sind berechnet gemäß § 53 nach

$$\mathfrak{x} = \frac{v_a}{\sqrt{2 g \mathfrak{H}}}$$

und die Wasserlaufgrade $\mathfrak{w}$ nach

$$\mathfrak{w} = \frac{w_a}{\sqrt{2 g \mathfrak{H}}} = \frac{Q}{F_a \sqrt{2 g \mathfrak{H}}}.$$

Nach den so berechneten Laufgraden könnte unmittelbar für die vier einzelnen Versuchspunkte eine Streckenfolge aufgezeichnet werden. Ehe dies aber geschieht, soll zuvor die Vorzahl ζ ermittelt werden.

Zahlentafel 1. Versuchsangaben für Pumpe 182.
Ausführungsgrößen: $r_a = 1{,}105$, $F_a = 0{,}396$

Versuch	I	II	III	IV
$Q =$	1,62	1,70	1,64	0,70
$\mathfrak{H} =$	1,36	0,98	1,05	1,01
$v_a =$	8,36	7,70	7,65	5,67
$n =$	72,25	66,54	66,11	49
$\mathfrak{x} =$	1,618	1,820	1,685	1,274
$\mathfrak{w} =$	0,792	1,017	0,912	0,397
$\frac{\mathfrak{w}}{\mathfrak{x}} =$	0,489	0,557	0,531	0,312
$N =$	50,67	41,77	41,57	20,25
$\eta =$	0,580	0,493	0,552	0,465
$\frac{\mathfrak{w}}{\eta \mathfrak{x}} =$	0,844	1,131	0,980	0,670

§ 55. Leitarbeitsvorzahl für Pumpe 182.

ζ läßt sich ermitteln mit Hilfe eines aus der Versuchsreihe besonders ausgewählten Einzelversuches, wenn für denselben die gültigen Einzelwerte v_{a_1}, Q_1 und $\mathfrak{H}_1$ aus Zahlentafel 1 entnommen werden. Zu diesen Einzelwerten gehören die Laufgrade $\mathfrak{x}_1$ und $\mathfrak{w}_1$, so daß aus der Charakteristik

$$\mathfrak{w}^2 (1 + \zeta) = 0{,}75\, \mathfrak{x}^2 - 1$$

hier ζ berechnet werden kann nach

$$\zeta = \frac{0{,}75\, \mathfrak{x}_1^2 - 1}{\mathfrak{w}_1^2} - 1.$$

Der ausgewählte Einzelversuch sei Versuch IV nach Zahlentafel 1, so daß $\mathfrak{x}_1 = 1{,}274$ und $\mathfrak{w}_1 = 0{,}397$ in die obige Gleichung einzuführen sind, wodurch für ζ der Wert 0,4224 sich ergibt. In Abrundung kann $\zeta = 0{,}4$ für die weitere Berechnung der Charakteristik benutzt werden.

§ 56. $\mathfrak{x}\mathfrak{w}$-Kurve der Pumpengattung 182.

Mit $\zeta = 0{,}4$ geht die Berechnungsformel der Pumpengruppe für die Pumpengattung über in

$$1{,}4\,\mathfrak{w}^2 = 0{,}75\,\mathfrak{x}^2 - 1$$

$$\mathfrak{w} = \sqrt{\frac{0{,}75\,\mathfrak{x}^2 - 1}{1{,}4}}.$$

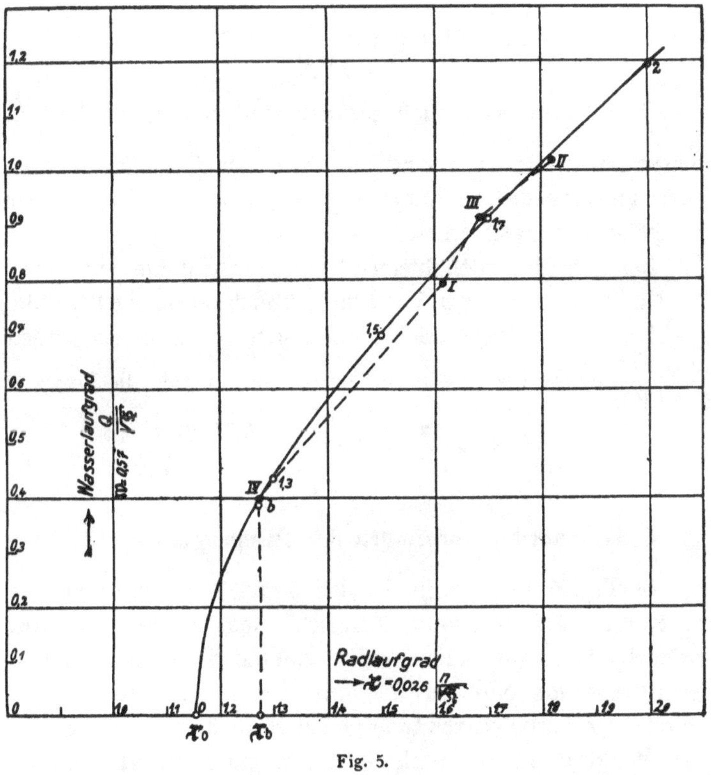

Fig. 5.

Pumpengattung 182: Radfestwerte $\left\{ \begin{array}{l} R = 0{,}5 \quad \alpha_i = 90^0 = \beta_e \\ \beta_a = 166^0\,30' \end{array} \right\}$
Vorzahl $\zeta = 0{,}4$ . .

Pumpe 182: Ausführungsgrößen $\left\{ \begin{array}{l} r_a = 1{,}105 \\ F_a = 0{,}396 \end{array} \right\}$ Versuche *I* bis *IV*.

Die hiernach berechnete Charakteristik der Pumpengattung 182 ist in Form einer Hyperbel als $\mathfrak{x}\mathfrak{w}$-Kurve in Fig. 5 aufgetragen. In den Kurvenlauf sind einige Zahlen der zugehörigen $\mathfrak{x}$-Werte eingetragen.

Um diese $\mathfrak{x}\mathfrak{w}$-Kurve zur Berechnung der Umdrehungszahlen einer der Gattung 182 angehörigen Pumpe und der dazu gehörigen Wassermengen bei gegebener Förderhöhe zu verwenden, sind die Koordinaten $\mathfrak{x}$ und $\mathfrak{w}$ entsprechend in $\frac{n}{\sqrt{\mathfrak{H}}}$ und $\frac{Q}{\sqrt{\mathfrak{H}}}$ umzurechnen nach

$$\frac{n}{\sqrt{\mathfrak{H}}} = \frac{42,298}{r_a}\mathfrak{x} \quad \text{und} \quad \frac{Q}{\sqrt{\mathfrak{H}}} = 4,4294\, F_a\, \mathfrak{w}.$$

Für die ausgeführte Pumpe 182 sind die Koordinaten umzurechnen nach

$$\frac{n}{\sqrt{\mathfrak{H}}} = 38,28\, \mathfrak{x} \quad \text{und} \quad \frac{Q}{\sqrt{\mathfrak{H}}} = 1,754\, \mathfrak{w}.$$

Sonach läßt sich auch aus der $\mathfrak{x}\mathfrak{w}$-Kurve eine $\frac{n}{\sqrt{\mathfrak{H}}} \cdot \frac{Q}{\sqrt{\mathfrak{H}}}$-Kurve als für jeden besonderen Wert von $\mathfrak{H}$ gültige Wasserlieferungskurve des in Pumpe 182 gegebenen Sonderfalles der Pumpengattung 182 erhalten.

Bei unveränderlich bleibendem $\mathfrak{H}$ entsteht die nQ-Kurve, wie sie in § 52 als bei Versuchen üblich angegeben wurde.

Um aus einer nach Versuchen etwa vorliegenden $\frac{n}{\sqrt{\mathfrak{H}}} \cdot \frac{Q}{\sqrt{\mathfrak{H}}}$-Kurve die $\mathfrak{x}\mathfrak{w}$-Kurve herzustellen, dienen die Formeln

$$\mathfrak{x} = 0,0236\, r_a \frac{n}{\sqrt{\mathfrak{H}}} \quad \text{und} \quad \mathfrak{w} = \frac{0,22576}{F_a} \frac{Q}{\sqrt{\mathfrak{H}}}$$

§ 57. Ideelles Anspringen der Pumpengattung 182.

In Fig. 5 beginnt im Punkte 0 auf der Abscissenachse die Kurve. Dieser Punkt entspricht dem ideellen Anspringen, d. h. mit Radlaufgrad $\mathfrak{x}_0$ könnte die Wasserlieferung der Pumpe von Null aus beginnen, was bekanntlich wegen eintretender Turbulenzzustände praktisch nicht zu erreichen ist. Der Punkt 0 ist demnach lediglich entscheidend für den ideellen Verlauf der $\mathfrak{x}\mathfrak{w}$-Kurve.

Für Punkt 0 enthält Zahlentafel 2 die bezüglichen Rechnungswerte. Danach würde für Pumpe 182 bei 1 m Förderhöhe $n_0 = 44,2$ anzunehmen sein.

Zahlentafel 2. Rechnungswerte für Pumpengattung 182.

Radfestwerte: $R = 0{,}5$, $\alpha_i = 90^0 = \beta_e$, $\beta_a = 166^0 30'$, Vorzahl $\zeta = 0{,}4$.

Kurvenpunkt	0	b
$\mathfrak{x} =$	1,155	1,27
$\frac{n\, r_a}{\sqrt{\mathfrak{H}}} =$	48,84	53,76
$= 1{,}105;\ \frac{n}{\sqrt{\mathfrak{H}}} =$	44,2	48,6
$\mathfrak{w} =$	0	0,39
$\frac{Q}{F_a \sqrt{\mathfrak{H}}} =$	0	1,72
$F_a = 0{,}396;\ \frac{Q}{\sqrt{\mathfrak{H}}} =$	0	0,68
$\frac{\mathfrak{w}}{\mathfrak{x}} = \frac{w_a}{v_a} =$	0	0,31
$\mathfrak{P}/F_a \mathfrak{H} =$	0	305,9
$F_a = 0{,}396;\ \mathfrak{P}/\mathfrak{H} =$	0	121,16
$F_a = 0{,}396;\ r_a = 1{,}105;\ \frac{\mathfrak{P}\, r_a}{\mathfrak{H}} =$	0	133,9
$\eta_h =$	0,375	0,44
$\frac{\mathfrak{w}}{\mathfrak{x}\, \eta_h} =$	0	0,69
$\frac{\mathfrak{W}_h}{F_a \mathfrak{H}} =$	0	694,5
$F_a = 0{,}396;\ \mathfrak{W}_h / \mathfrak{H} =$	0	275
$F_a = 0{,}396;\ r_a = 1{,}105;\ \frac{\mathfrak{W}_h\, r_a}{\mathfrak{H}} =$	0	303,9

§ 58. Wasserlieferungs-Streckenfolge der Pumpe 182.

Nachdem die $\mathfrak{x}\mathfrak{w}$-Kurve aufgezeichnet ist, können die aus den zugehörigen Versuchsergebnissen nach Zahlentafel 1 zu entnehmenden Ordinaten $\mathfrak{w}$ und Abscissen $\mathfrak{x}$ für vier einzelne Versuchspunkte aufgetragen werden, wodurch in Fig. 5 die Streckenfolge IV, I, III, II sich ergibt. Der Vergleich dieser Streckenfolge mit der $\mathfrak{x}\mathfrak{w}$-Kurve läßt erkennen, daß die nach Radfestwerten und Leitarbeitsvorzahl erfolgte Berechnung der Wasserlieferung genügend übereinstimmt mit den Versuchsergebnissen. Punkt IV muß allerdings auf der Kurve liegen, da mit Hilfe der zu Punkt IV gehörigen Versuchswerte die bei der Berechnung benutzte Vorzahl ζ abgeleitet wurde. Ein vollständiges Hineinfallen der drei übrigen Versuchspunkte in die Kurve ist nicht zu erwarten, da die Versuchsmessungen stets mit Beobachtungsfehlern behaftet sind.

Hierüber sagt Hagens, daß „naturgemäß Messungen und zwar insbesondere Wassermessungen im Betriebe der Werke und ohne die Möglichkeit, alle störenden Umstände beseitigen zu können, auf völlige Genauigkeit keinen Anspruch machen können“ [77]. Und weiterhin: „Geringe Veränderungen des Innenwasserstandes während der Versuche waren nicht immer zu vermeiden: ebenso war es meist nicht möglich, mehrere Messungen unter den gleichen Verhältnissen auszuführen“ [78].

Nach Zahlentafel 1 sind die Grenzwerte der gemessenen Förderhöhen mit 0,98 und 1,36 und die Grenzwerte der gemessenen Umfangsgeschwindigkeiten mit 5,67 und 8,36 nicht soweit auseinanderliegend, daß daraus auf einen weniger gesetzmäßigen Verlauf der Versuchsstreckenfolge geschlossen werden könnte. Dabei fällt noch besonders ins Gewicht, daß die beiden Versuche IV und II zwar für wenig geänderte Förderhöhe (1,01 und 0,98), aber dabei doch sehr verschiedene Umdrehungszahlen (49 und 66,54) ausgeführt worden sind und trotzdem für diese weit auseinanderliegenden Betriebszustände gesetzmäßige Ergebnisse geliefert haben. Vom Versuch IV' sagt Hagens, daß dieser Versuch „absichtlich bei einer Umfangsgeschwindigkeit vorgenommen wurde, die der Geschwindigkeit für den Beginn der Förderung nahe lag“ [79]. Auch dies ist in Fig. 5 zu erkennen.

Für die Gattung der Pumpe 182 ist die aufgestellte Charakteristik nach der $\mathfrak{x}\mathfrak{w}$-Kurve jedenfalls zum praktischen Gebrauche geeignet. Für alle auch außerhalb der Versuchspunkte liegenden Betriebszustände, für beliebige Gefällhöhen und beliebige Umdrehungszahlen können aus dieser Charakteristik die zugehörigen Wasserlieferungen ermittelt werden. Im besonderen sind auch diejenigen Umdrehungszahlen bestimmbar, für welche eine Wasserlieferung nicht mehr erwartet werden kann.

Daß solche Bestimmungen der veränderlichen Wasserlieferung für eine nach Art der Pumpe 182 gebaute Pumpe überhaupt erreicht werden konnten, ist wohl umso bemerkenswerter, als die Schaufelungsart dieser Pumpe als recht ungünstig für regelrechte hydraulische Wirkung bezeichnet werden mußte.

---

[77]) Zeitschrift des Vereines deutscher Ingenieure, 1909, S. 1052.
[78]) Zeitschrift des Vereines deutscher Ingenieure, 1905, S. 1060.
[79]) Zeitschrift des Vereines deutscher Ingenieure, 1905, S. 813.

§ 59. Geänderte $\mathfrak{x}\mathfrak{w}$-Kurven.

In § 43 wurde bemerkt, daß die Festlegung des Radfestwertes $R = 0{,}5$ erst nach Vornahme einiger Probeberechnungen erfolgen konnte. Von diesen Probeberechnungen können hier einige Ergebnisse vorgeführt werden.

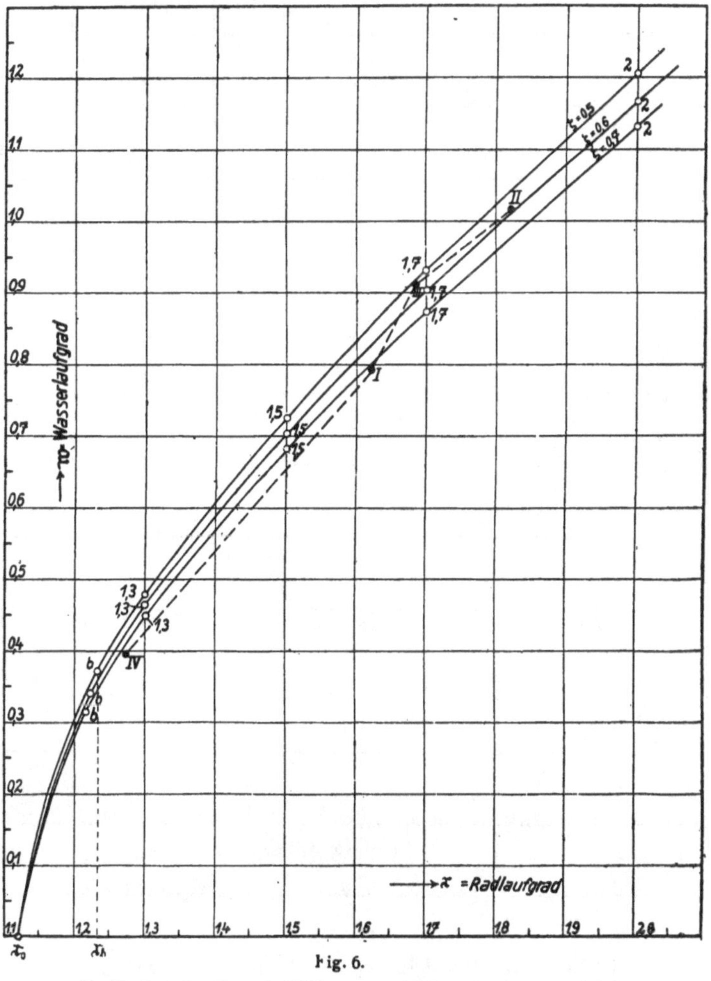

Fig. 6.

Radfestwerte $R = 0{,}4525$ $\alpha_l = 90^0 = \beta_e$ $\beta_a = 166^0\,30'$

Ausführungsgrößen von Pumpe 182 $\left\{ \begin{array}{l} r_a = 1{,}105 \\ F_a = 0{,}396 \end{array} \right\}$ Versuche I bis IV.

Fig. 6 zeigt drei verschiedene $\mathfrak{x}\mathfrak{w}$-Kurven, für deren Bewertung die geänderte Ausführungsgröße $r_e = 0{,}5$ und danach auch der entsprechend geänderte Radfestwert $R = 0{,}4525$ zugrunde gelegt wurden, zugleich mit den drei verschiedenen Annahmen von ζ zu 0,5, 0,6 und 0,7.

Ebenso ergibt Fig. 7 für $r_e = 0,5083$ und danach $R = 0,46$ zwei $\mathfrak{x}\mathfrak{w}$-Kurven, welche mit $\zeta = 0,6$ und 0,7 durchgerechnet sind.

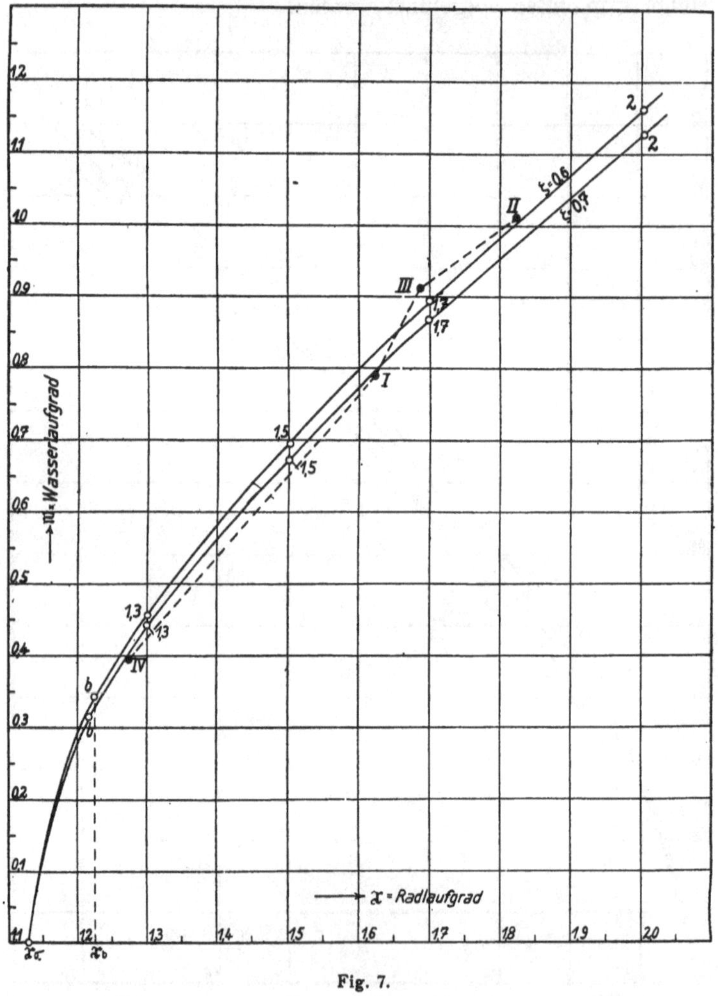

Fig. 7.

Radfestwerte $R = 0,46$ $\alpha_l = 90^0 = \beta_e$ $\beta_a = 166^0 30'$

Ausführungsgrößen Pumpe 182 $\left\{\begin{array}{l} r_a = 1,105 \\ F_a = 0,396 \end{array}\right\}$ Versuche I bis IV.

In Fig. 8 sind die den drei verschiedenen Annahmen für r_e entsprechenden mittleren Eintrittshalbmesser eingezeichnet.

Der Vergleich von Fig. 6 und 7 mit Fig. 5 läßt erkennen, daß in Fig. 5 die beste Übereinstimmung von Berechnungskurve und Versuchsstreckenfolge vorhanden ist. Zugleich ist aber aus solchem Vergleiche ersichtlich, in welchem Maße Änderungen des Radfestwertes R geeignet sind, die Charakteristik der Pumpe zu beeinflussen.

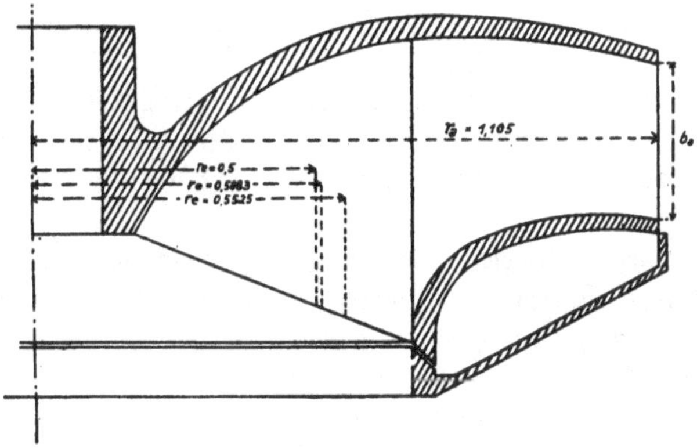

Fig. 8. Laufrad der Pumpe 182.

§ 60. Stoßfreie Gangart.

In der $\mathfrak{x}\mathfrak{w}$-Kurve nach Fig. 5 würde noch derjenige Kurvenpunkt festzustellen sein, für welchen stoßfreier Gang eintreten müßte. Zufolge § 48 soll die Gesamt-Stoßverlustarbeitshöhe H_{st} sich aus H_s und H_w zusammensetzen.

Für die Bauart der Pumpe 182 kann H_w überhaupt nicht vermieden werden, da das mit c_a austretende Wasser stets mit Stoß auf das hinter dem Laufrade anstehende Druckwasser auftreffen muß. Die sogenannte stoßfreie Gangart der Pumpe könnte sich also nur noch darauf beziehen, daß H_s zu Null werde, eine Annahme, welche bekanntlich bei Berechnung von Schleuderpumpen fast allgemein zugrunde gelegt wird.

Für Pumpe 182 gilt $2\,g\,H_s = R^2\,v_a^2$ nach § 48, und hieraus folgt, daß v_a zu Null werden muß, wenn H_s gleich Null gesetzt werden soll.

Pumpen ohne Leitrad mit $\beta_e = 90^0$ können überhaupt nicht stoßfreie Gangart bei ihrem Betriebe annehmen.

§ 61. Beste Gangart.

Für die $\mathfrak{x}\mathfrak{w}$-Kurve in Fig. 5 kann nach den Regeln der älteren Theorie derjenige Punkt bestimmt werden, für welchen der höchste hydraulische Wirkungsgrad der Betriebskraft erwartet werden muß.

Der für beste Gangart nach höchstem hydraulischem Wirkungsgrade gültige Radlaufgrad sei mit $\mathfrak{x}_b$ bezeichnet. Für Pumpen ohne Leitrad mit $\beta_e = 90^0$ bestimmt sich nach den Regeln der älteren Theorie.[80])

$$\mathfrak{x}_b^2 = \frac{1}{2(1-R^2)}\left\{1 \mp \sqrt{\frac{1+\zeta}{1+\zeta-\cos^2\beta_a\,(1-R^2)}}\right\}.$$

Für die Pumpengattung 182 gilt hier $\zeta = 0{,}4$, $R = 0{,}5$ und $\beta_a = 166^0\,30'$. Werden diese Sonderwerte eingeführt, so berechnet sich $\mathfrak{x}_b = 1{,}27$ und der zugehörige Wasserlaufrad $\mathfrak{w}_b = 0{,}39$.

Danach läßt sich Punkt *b* in Fig. 5 eintragen. Auch in Fig. 6 u. 7 sind die entsprechend berechneten Punkte *b* in den zugehörigen $\mathfrak{x}\mathfrak{w}$-Kurven angegeben.

Die für Kurvenpunkt *b* gültigen Rechnungsergebnisse sind in Zahlentafel 2 aufgenommen.

Bei 1 m Förderhöhe würde danach $n_b = 48{,}6$ für Pumpe 182. Wie Fig. 5 zeigt, war bei Versuch IV die beste Gangart der Pumpe erreicht.

Für die ausgeführte Pumpe 182 muß sich bei 1 m Förderhöhe $Q_b = 0{,}68$ ergeben.

§ 62. $\mathfrak{x}\frac{\mathfrak{w}}{\mathfrak{x}}$-Kurve der Pumpengattung 182.

Nachdem für die Pumpengattung 182 lediglich aus der für verschiedene Förderhöhen und Umdrehungszahlen gemessenen Wasserlieferung die durch Fig. 5 in der $\mathfrak{x}\mathfrak{w}$-Kurve aufgetragene Charakteristik auf dem Rechnungswege mit genügender Zuverlässigkeit bestimmt worden ist, können für diese Pumpengattung noch weitere aus der älteren Theorie ableitbare Rechnungen durchgeführt werden. In erster Linie sind hier die an der Pumpenwelle bei geänderten Betriebszuständen ebenfalls veränderlich auftretenden Drehmomente in Betracht zu ziehen, und zwar zunächst die ideellen Drehmomente.

Der Begriff des ideellen Drehmomentes läßt sich in folgender Weise herleiten.

Die lediglich zum Heben der Wassermenge Q auf die Förderhöhe $\mathfrak{H}$ zu leistende ideelle Hebearbeit ohne Berücksichtigung der außerdem noch zu überwindenden Arbeitsver-

---

80) In gleicher Weise wird auch für Turbinen der Radlaufgrad x_b für den höchsten hydraulischen Wirkungsgrad berechnet. „A. T. d. T." Gl. (XXIIIc), § 116, S. 166.

luste bestimmt sich zu $Q\mathfrak{H}\gamma$ mit $\gamma = 1000$. Behufs dieser ideelen Arbeitsleistung ist an der Pumpenwelle eine ideelle Arbeit $\mathfrak{P}v_a$ zu entwickeln, welcher ein ideelles Drehmoment $\mathfrak{P}r_a$ entspricht. Mit $\mathfrak{P}$ ist sonach eine nur der ideellen Hebearbeit entsprechende ideelle Drehkraft bezeichnet, welche am Hebelarm r_a an der Pumpenwelle wirken muß.

Das ideelle Drehmoment $\mathfrak{P}r_a$ läßt sich aus der in Fig. **5** gezeichneten $\mathfrak{x}\mathfrak{w}$-Kurve in folgender Weise ableiten:

$$\mathfrak{P}v_a = Q\mathfrak{H}\gamma \quad = F_a w_a \mathfrak{H}\gamma$$

$$w_a = \mathfrak{w}\mathfrak{C};\ v_a = \mathfrak{x}\mathfrak{C};\ \frac{w_a}{v_a} = \frac{\mathfrak{w}}{\mathfrak{x}}.$$

Danach entsteht

$$\frac{\mathfrak{w}}{\mathfrak{x}} = \frac{\mathfrak{P}}{F_a\mathfrak{H}\gamma} = \frac{0{,}001\,\mathfrak{P}}{F_a\mathfrak{H}}.$$

Da $\mathfrak{w}$ und $\mathfrak{x}$ für jeden Kurvenpunkt nach Fig. 5 bekannt sind, so läßt sich auch für jede Abscisse $\mathfrak{x}$ eine zugehörige Ordinate $\frac{\mathfrak{w}}{\mathfrak{x}}$ berechnen. Diese $\mathfrak{x}\frac{\mathfrak{w}}{\mathfrak{x}}$-Kurve kann als Kurve der ideellen Drehmomente bezeichnet werden, da für gegebenen Austrittsquerschnitt F_a der Pumpe und für gegebene Förderhöhe $\mathfrak{H}$ aus $\frac{\mathfrak{w}}{\mathfrak{x}}$ die zugehörige ideelle Umfangskraft $\mathfrak{P}$ berechnet werden kann, welche mit dem Hebelarme r_a zu multiplizieren ist, um das ideelle Drehmoment zu erhalten.

Für die Pumpengattung 182 ist die $\mathfrak{x}\frac{\mathfrak{w}}{\mathfrak{x}}$-Kurve in Fig. 9 wiedergegeben. Für Pumpe 182 als Sonderfall dieser Gattung entsteht

$$\frac{\mathfrak{w}}{\mathfrak{x}} = 0{,}0025\,\frac{\mathfrak{P}}{\mathfrak{H}}.$$

Für Punkt 0 in Fig. 9 wird auch das ideelle Drehmoment zu Null. Für die beste Gangart enthält auch Zahlentafel 2 die auf das ideelle Drehmoment bezüglichen Rechnungswerte.

Danach würde für Pumpe 182 bei 1 m Förderhöhe $\mathfrak{P}_b = 121{,}16$ betragen als ideelle Triebkraft am Radumfange, welche hier der zur Überwindung der belastenden Wassersäule nötigen Wasserhebekraft entspricht.

Das ideelle Drehmoment $\mathfrak{P}_b r_a = 133{,}88$ würde für Pumpe 182 bei $\mathfrak{H} = 1$ entstehen müssen. Nach $\frac{\mathfrak{w}}{\mathfrak{x}} = \frac{w_a}{v_a}$ ist auch das Verhältnis zwischen Wassergleitgeschwindigkeit und Radumfangsgeschwindigkeit für jeden Kurvenpunkt zu bestimmen. Für Punkt 0 wird $\frac{v_{a_0}}{\sqrt{\mathfrak{H}}} = 5{,}11$.

Für Punkt b gilt $\frac{v_{ab}}{\sqrt{\mathfrak{H}}} = 5{,}63$. Wie Fig. 9 zeigt, steigt das Verhältnis $\frac{w_a}{v_a}$ mit wachsender Umdrehungszahl der Pumpe bis zum Punkte b bedeutend und von da ab geringer, im Versuchspunkte III auf 0,53.

Nach Zahlentafel 1 ist in Fig. 9 die Streckenfolge IV, I, III, II eingetragen.

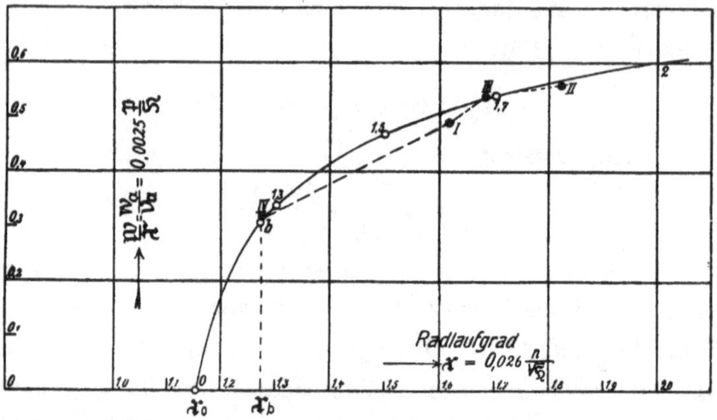

Fig. 9. Pumpengattung 182.

Radfestwerte $R = 0{,}5 \quad \alpha_l = 90^0 = \beta_e \quad \beta_a = 166^0\,30'$
Vorzahl $\zeta = 0{,}4$

Pumpe 182: Ausführungsgrößen $\left\{\begin{matrix} r_a = 1{,}105 \\ F_a = 0{,}396 \end{matrix}\right\}$ Versuche I bis IV.

§ 63. $\mathfrak{x}\eta_h$-Kurve der Pumpengattung 182.

Der wechselnde Kraftbedarf einer Schleuderpumpe bestimmt sich nach dem hydraulischen Wirkungsgrade

$$\eta_h = \frac{\mathfrak{H}}{\mathfrak{H}_h} = \frac{Q\mathfrak{H}\gamma}{\mathfrak{W}_h\, v_a} = \frac{40}{3}\,\frac{Q\mathfrak{H}}{N_h},$$

wenn N_h die hydraulische Arbeit in Pferdestärken und $\mathfrak{W}_h$ die am Hebelarme r_a wirksame hydraulische Umfangskraft bezeichnen. Nach § 45 berechnet sich für $\alpha_l = 90^0$ die Raddreharbeitshöhe $\mathfrak{H}_h$ nach $g\mathfrak{H}_h = v_a^2 + v_a w_a \cos \beta_a$, so daß für η_h die Gleichung gilt

$$\frac{1}{\eta_h} = 2\,\mathfrak{x}\,(\mathfrak{x} + \mathfrak{w} \cos \beta_a),$$

wenn die Laufgrade

$$\mathfrak{x} = \frac{v_a}{\sqrt{2 g \mathfrak{H}}} \text{ und } \mathfrak{w} = \frac{w_a}{\sqrt{2 g \mathfrak{H}}}$$

eingeführt werden. Hiernach kann mit den bereits durch die $\mathfrak{x}\mathfrak{w}$-Kurve in Fig. 5 bekannten Werten $\mathfrak{x}$ und $\mathfrak{w}$ der hydraulische Wirkungsgrad $\eta_h = \frac{\mathfrak{H}}{\mathfrak{H}_h}$ für jeden Kurvenpunkt bestimmt werden.[81]) Mit $\beta_a = 166^0\,30'$ ergibt sich die in Fig. 10 gezeichnete $\mathfrak{x}\eta_h$-Kurve für Pumpengattung 182.

Für Punkt 0 des ideellen Anspringens gilt $\eta_{h_0} = 0{,}375$.

Als höchsten hydraulischen Wirkungsgrad für Punkt *b* ergibt die Rechnung $\eta_{h\,\max} = 0{,}44$.

Dieser günstigste Betriebszustand für Pumpe 182 wurde bei Versuch IV erreicht.

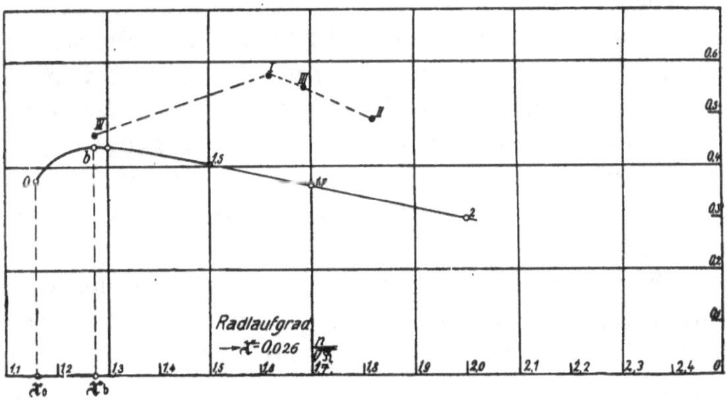

Fig. 10. Pumpengattung 182.

$$\longrightarrow \eta_h = \frac{40}{3} \cdot \frac{Q\,\mathfrak{H}}{N_h} \text{ hydraul. Wirkungsgrad}$$

$$\longrightarrow \eta = \frac{40}{3} \cdot \frac{Q\,\mathfrak{H}}{N} \text{ Gesamt-Wirkungsgrad}$$

Radfestwerte $R = 0{,}5 \quad \alpha_l = 90^0 = \beta_e \quad \beta_a = 166^0\,30'$

Vorzahl $\zeta = 0{,}4$

Pumpe 182: Ausführungsgrößen $\begin{Bmatrix} r_a = 1{,}105 \\ F_a = 0{,}396 \end{Bmatrix}$ Versuche I bis IV.

§ 64. Streckenfolge der Gesamtwirkungsgrade der Pumpe 182.

Der Vergleich der $\mathfrak{x}\eta_h$-Kurve in Fig. 10 mit bezüglichen Versuchsergebnissen ist hier durchführbar, da an der Pumpe 182 hinsichtlich der erforderlichen Betriebskraft besondere Bestimmungen vorgenommen worden sind.

Über den bei vier verschiedenen Betriebszuständen der Pumpe 182 ermittelten Kraftbedarf finden sich a. a. O. einige Angaben, welche ebenfalls in Zahlentafel 1 wiedergegeben sind.

---

[81]) Für Turbinen wird in gleichartiger Weise der für diese Wasserkraftmaschinen gültige hydraulische Wirkungsgrad η_h berechnet. „A. T. d. T.", Gl. (VIIb), § 101, S. 147.

Entsprechend den Angaben a. a. O.[82]) ist die Zahl N in Zahlentafel 1 eingetragen. Hier bedeutet N die Anzahl der Pferdestärken, welche von der treibenden Dampfmaschine an die Pumpenwelle abgegeben worden sind.

Die weiter in Zahlentafel 1 enthaltenen Werte η sind berechnet nach

$$\eta = \frac{40}{3} \frac{Q \mathfrak{H}}{N},$$

wobei die Versuchsmessungen für Q und $\mathfrak{H}$ benutzt wurden.

Hiernach stellt η den aus den Versuchen meßbaren Gesamtwirkungsgrad beim Betriebe der Pumpe dar, während η_h nur für die rein hydraulischen Arbeiten gilt und an sich nicht aus Versuchen unmittelbar bestimmbar ist. Die Meßwerte für η sind als Ordinaten zu den zugehörigen Abscissenwerten $\mathfrak{x}$ der Zahlentafel 1 in Fig. 10 eingetragen, so daß hier die den Versuchsermittelungen entsprechende Streckenfolge IV I III II entsteht.

Diese Streckenfolge läßt aber im Vergleiche mit dem Kurvenlaufe große Verschiedenheiten erkennen. Wenn auch Punkt IV der $\mathfrak{x}\eta_h$-Kurve sehr nahe liegt, so erscheint doch auch für Punkt IV η zu hoch, da hier $\eta\,\text{IV} > \eta_h\,\text{IV}$ ausfällt.

Die Gesamtarbeit N an der Pumpenwelle umfaßt außer den rein hydraulischen Arbeiten auch die Lagerreibungsarbeiten der Pumpenwelle, die durch die Drehung des Laufrades im umgebenden Wasser entstehenden Widerstandsarbeiten u. s. w. Danach müßte $N > N_h$ und $\eta < \eta_h$ werden.

Am auffälligsten ist die Abweichung des gemessenen η-Wertes von dem berechneten η_h-Werte für Versuchspunkt I. Hier ist gemessen $\eta_{\text{I}} = 0{,}58$, während aus Fig. 10 $\eta_{h\text{I}} = 0{,}375$ als berechnet sich ergibt.

Zunächst tritt hier die Frage auf, ob diese Unstimmigkeiten vielleicht ihren Grund finden könnten sowohl in Beobachtungsfehlern, als auch in nicht genügend zuverlässigen Annahmen bei Ausmittelung der Kraftleistung.

Die Dampfmaschinenleistungen sind durch Indikator-Diagramme und die entsprechend an die Pumpenwelle abgegebenen Arbeitsleistungen durch Annahme eines wahrscheinlichen Wirkungsgrades der Dampfmaschine bestimmt worden.

---

[82]) Diese Angaben finden sich für die Pumpe Schnecken, also Pumpe 182, unter der Bezeichnung „N_n nach Hrabák" in der Zeitschrift des Vereines deutscher Ingenieure, 1905, S. 812, Zahlentafel.

Bei Vorführung dieser nach seinen Versuchen vorgenommenen Bestimmungen spricht Hagens „von der nur bedingt zutreffenden Umrechnung der indizierten in effektive Maschinenleistung"[83]) und sagt ferner: „Es muß jedoch bemerkt werden, daß die Berechnung der effektiven Antriebsleistung aus der Indizierung der Dampfmaschine nicht ganz sicher erfolgen konnte".[84])

§ 65. Nachprüfung von Kraftmessungen.

Aus dem hier mittels Fig. 10 für Pumpe 182 durchgeführten Vergleiche von berechneten hydraulischen Wirkungsgraden η_h mit den nach Kraftleistungsversuchen gemessenen Gesamtwirkungsgraden η ergibt sich, worauf bereits in § 13 hingewiesen wurde, noch ein besonderer Nutzen des hier ausführlich durchgeführten Vergleichsverfahrens von Rechnung und Versuch.

Liegen für eine ausgeführte Pumpe zuverlässige Wassermessungen behufs Aufstellung der Charakteristik der Pumpe in Form der $\mathfrak{x}\mathfrak{w}$-Kurve vor, so ist auch die Aufzeichnung der $\mathfrak{x}\eta_h$-Kurve nach den theoretischen Berechnungen möglich. Sind dann an derselben Pumpe auch noch Kraftmessungen behufs Ermittelung des Gesamtwirkungsgrades η vorgenommen worden, so muß eine gewisse Nachprüfung für die Zuverlässigkeit der vorgenommenen Kraftmessungen sowohl, als auch für das Zutreffen der Berechnung von $\mathfrak{H}_h$ durch Vergleich von η mit η_h auch noch von Wert sein.

Wie Fig. 10 in den starken Abweichungen der η_h-Kurve von der η-Streckenfolge erkennen läßt, müßten schon sehr bedeutende Beobachtungsfehler bei Durchführung der Kraftmessungen für Pumpe 182 unterlaufen sein, wenn lediglich hierin der Grund der Unstimmigkeiten gefunden werden wollte. Danach würde nur übrig bleiben, hinsichtlich der Berechnung von $\eta_h = \frac{\mathfrak{H}}{\mathfrak{H}_h}$ daraufhin zu schließen, daß die nach $g\mathfrak{H}_h = v_a^2 + v_a w_a \cos \beta_a$ zufolge § 45 erfolgte Bewertung der Raddreharbeitshöhe diese Höhe tatsächlich als zu groß bemessen ergibt.

Diese Schlußfolgerung gewinnt umsomehr an Wahrscheinlichkeit, als die nach der älteren Theorie aufgestellte Berech-

[83]) Zeitschrift des Vereines deutscher Ingenieure, 1905, S. 813.

[84]) H. Hagens, Die Schaufelformen und Leistungen der Zentrifugalpumpen. Königsberg 1906, Hartung'sche Verlagsdruckerei. S. 24.

nung von $\mathfrak{H}_h$ nur unter Annahme von unendlich vielen Radschaufeln, also für unendlich dünne Wasserstrahlen genau zutreffen kann. In der Tat finden sich denn auch in der Literatur Hinweise darauf, daß solche auf Grund theoretischer Annahmen vorgenommene Bestimmung von $\mathfrak{H}_h$ zu hohe Werte ergibt.

So behauptet Tison[85]: „In der Praxis beobachtet man, daß der Kraftbedarf der Pumpen im allgemeinen geringer ist, als man nach der Theorie gemäß der Gleichung

$$g\mathfrak{H}_h = v_a^2 + v_a w_a \cos \beta_a$$

ermittelte." Die Abweichungen waren größer bei Pumpen mit geringer Schaufelzahl und großer Schaufelteilung. Auch ergab sich der theoretisch ermittelte Wert $\mathfrak{H}_h$ bei ein und derselben Pumpe gegenüber dem tatsächlich ermittelten Kraftbedarf mehr zunehmend bei wachsender Umdrehungszahl und Wasserlieferung.

§ 66. $\mathfrak{x} \cdot \frac{\mathfrak{w}}{\eta_h \mathfrak{x}}$-Kurve der Pumpengattung 182.

Wird in die Gleichung

$$\eta_h \mathfrak{W}_h v_a = F_a w_a \mathfrak{H} \gamma$$

$$\frac{w_a}{v_a} = \frac{\mathfrak{w}}{\mathfrak{x}}$$

eingeführt, so entsteht

$$\frac{\mathfrak{w}}{\eta_h \mathfrak{x}} = \frac{0{,}001\, \mathfrak{W}_h}{F_a \mathfrak{H}}.$$

Der Ausdruck $\frac{\mathfrak{w}}{\eta_h \mathfrak{x}}$ kann sonach dazu dienen, die mit $\mathfrak{W}_h$ bezeichnete Umfangskraft am Hebelarme r_a zu bestimmen, welche als hydraulische Drehkraft zum Betriebe einer Pumpe erforderlich ist, um neben der eigentlichen Hebearbeit des Förderwassers auch noch die übrigen hydraulischen Arbeiten zu leisten.

Da für die Pumpengattung 182 die Werte $\frac{\mathfrak{w}}{\mathfrak{x}}$ nach Fig. 9 und die Wirkungsgrade η_h nach Fig. 10 bereits bekannt sind, so ergibt die Rechnung danach auch $\frac{\mathfrak{w}}{\eta_h \mathfrak{x}}$ für jeden Kurvenpunkt. Die für Pumpengattung 182 entstehende $\mathfrak{x}\ \frac{\mathfrak{w}}{\eta_h \mathfrak{x}}$-Kurve ist in Fig. 11 aufgezeichnet.

---

[85]) Die Fördertechnik, 1910, S. 40. Revue de mécanique, 1909, Bd. 25, S. 331.

Nach
$$\frac{\mathfrak{w}}{\mathfrak{x}\,\eta_h} = \frac{0{,}001\,\mathfrak{W}_h}{F_a\,\mathfrak{H}}$$

ist mit den Ordinatenwerten in Fig. 11 für jeden nach seinen Ausführungsgrößen r_a und F_a gegebenen Sonderfall der Pumpengattung und für eine angenommene Förderhöhe $\mathfrak{H}$ das hydraulische Drehmoment $\mathfrak{W}_h r_a$ an der Pumpenwelle bestimmbar, so daß die in Fig. 11 aufgezeichnete Kurve als Kurve der hydraulischen Drehmomente bezeichnet werden kann.

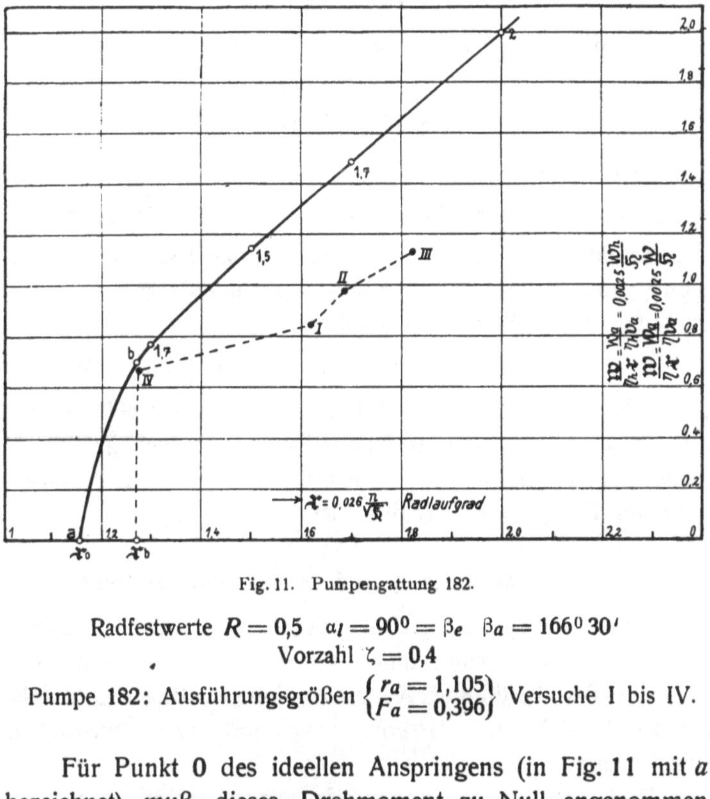

Fig. 11. Pumpengattung 182.

Radfestwerte $R = 0{,}5$ $\alpha_i = 90^0 = \beta_e$ $\beta_a = 166^0\,30'$
Vorzahl $\zeta = 0{,}4$

Pumpe 182: Ausführungsgrößen $\left\{\begin{array}{l} r_a = 1{,}105 \\ F_a = 0{,}396 \end{array}\right\}$ Versuche I bis IV.

Für Punkt 0 des ideellen Anspringens (in Fig. 11 mit *a* bezeichnet) muß dieses Drehmoment zu Null angenommen werden. Für die ausgeführte Pumpe 182 gilt

$$\frac{\mathfrak{w}}{\eta_h \mathfrak{x}} = 0{,}0025\,\frac{\mathfrak{W}_h}{\mathfrak{H}} = \frac{w_a}{\eta_h v_a}.$$

Für Punkt *b* der Kurve in Fig. 11 sind die für die Pumpengattung 182 und für Pumpe 182 auf das hydraulische Drehmoment bezüglichen Rechnungswerte in Zahlentafel 2 enthalten.

§ 67. Streckenfolge der Gesamt-Drehmomente der Pumpe 182.

Die der Gesamt-Treibarbeit N in Pferdestärken am Hebelarme r_a entsprechende Gesamtdrehkraft sei mit $\mathfrak{W}$ bezeichnet. Dann gilt

$$\eta \mathfrak{W} v_a = F_a w_a \mathfrak{H} \gamma$$

und mit

$$\frac{w_a}{v_a} = \frac{\mathfrak{w}}{\mathfrak{x}}$$

auch

$$\frac{\mathfrak{w}}{\mathfrak{x}\eta} = \frac{0{,}001\,\mathfrak{W}}{F_a \mathfrak{H}}$$

und für die Pumpe 182 insbesondere

$$\frac{\mathfrak{w}}{\mathfrak{x}\eta} = 0{,}0025\,\frac{\mathfrak{W}}{\mathfrak{H}}.$$

Die in Zahlentafel 1 enthaltenen, nach den Versuchsangaben berechneten Werte von $\frac{\mathfrak{w}}{\eta\mathfrak{x}}$ für die einzelnen Versuchspunkte I bis IV sind dann für Pumpe 182 ebenfalls geeignet, die gemessenen Gesamt-Drehmomente $\mathfrak{W} r_a$ für bestimmte Förderhöhen $\mathfrak{H}$ abzuleiten.

In Fig. 11 ist auch die entsprechende Streckenfolge für $\frac{\mathfrak{w}}{\eta\mathfrak{x}}$ eingetragen, welche unter Beachtung des Umstandes, daß die Meßwerte von η nach Fig. 10 sich wesentlich größer ergeben haben, als die berechneten η_h-Werte, ihre Lage unterhalb des Kurvenlaufes erhalten hat.

§ 68. Kurvenschar nach $\mathfrak{x}$ und $\mathfrak{w}$ der Pumpengruppe 182.

Auf Grundlage der an der ausgeführten Pumpe 182 vorgenommenen Wassermessungen wurde die Charakteristik der nach $\zeta = 0{,}4$ bestimmten Pumpengattung vollständig durchgeführt hinsichtlich Wasserlieferung und auch hinsichtlich Kraftleistung.

Es könnte nun die Frage aufgeworfen werden, in welcher Weise die nach $\zeta = 0{,}4$ bestimmte Charakteristik sich ändert, wenn andere Werte für ζ angenommen werden müßten.

Für den Leitarbeitsverlust nach H_{lt} ist ζ maßgebend. Da H_{lt} im wesentlichen von der Aufstellungsart der Pumpe abhängig ist, so würden für Pumpe 182 andere Werte ζ entstehen müssen, wenn nur die Aufstellungsart der Pumpe, nicht aber ihre Radfestwerte geändert werden. Hier könnte z. B. die in § 49 behandelte Diffuserwirkung, falls die Form des

Umschlußgehäuses des Laufrades abgeändert würde, auch ζ ändern. Dasselbe gilt, wenn die Anzahl der Radschaufeln anders gewählt oder nur die Schaufelkurve ohne Abänderung von β_e und β_a mehr oder weniger günstig gestaltet würde.

Die Frage nach der Charakteristikänderung bei Beibehaltung der Radfestwerte kommt darauf hinaus, innerhalb einer durch ihre Radfestwerte gekennzeichneten Pumpengruppe die

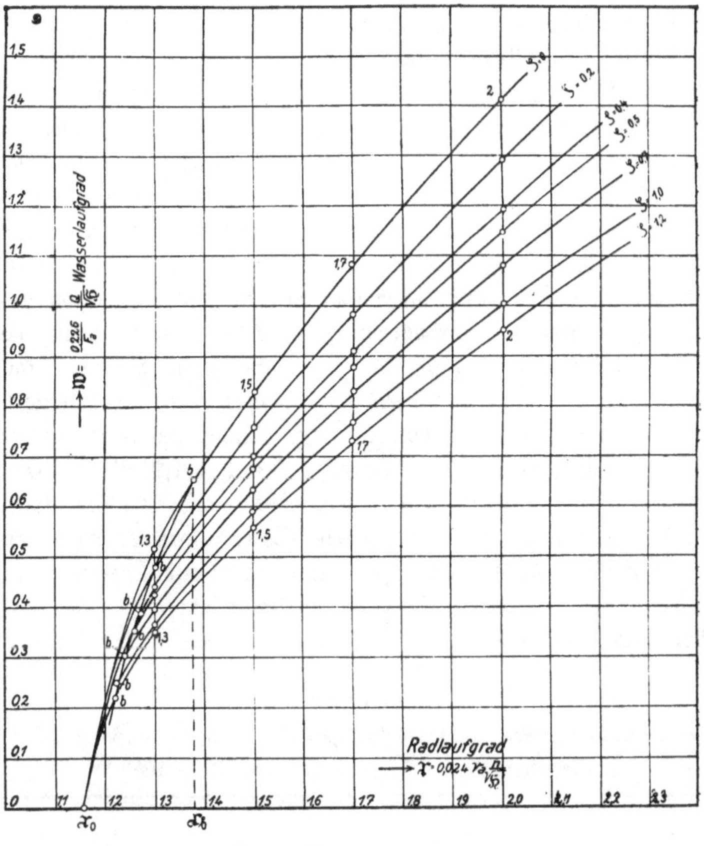

Fig. 12. Pumpengruppe 182.

Radfestwerte $\alpha_i = 90^0 = \beta_e$ $\beta_a = 166^0\,30'$

nach verschiedenen ζ-Werten entstehenden Gattungen zu untersuchen. Dazu würden die für verschiedene ζ-Werte erhältlichen Berechnungskurven nach einer Kurvenschar aufzutragen sein.

Die dann für eine bestimmte Pumpengruppe gültige Kurvenschar läßt sich insbesondere nach § 28 verwenden, um für eine mit angeschlossenen Rohrleitungen am Gebrauchsorte aufgestellte Pumpe das geänderte Verhalten festzustellen gegenüber dem nach einem ermittelten ζ-Werte bereits im Versuchsfelde manometrisch festgestellten Verhalten dieser Pumpe.

Die für die vollständige Charakteristik der Gruppe 182 aufzustellenden Kurvenscharen sind nach angenommenen Grenzwerten $0 < \zeta < 1,2$ berechnet worden, um zu zeigen, wie sich die in Fig. 5, 9, 10 und 11 gezeichneten Kurven nach verschiedenen Annahmen vom ζ anders gestalten.

Die Wasserlieferungskurve nach $\mathfrak{x}$ und $\mathfrak{w}$ für Pumpengruppe 182 mit verschiedenen Werten für ζ nach § 53 berechnet ergibt die in Fig. 12 gezeichnete Kurvenschar, in welcher die Kurvenpunkte *b* durch eine Zwischenkurve verbunden sind. Hier ist zu erkennen, daß bei wachsendem ζ Punkt *b* immer näher an Punkt 0 heranrückt. Würde also eine der Gruppe 182 angehörige Pumpe etwa mit langen Leitungsröhren ohne Änderung ihrer Radfestwerte zur Aufstellung gebracht, so müßte ζ anwachsen, und damit würde auch die Schwierigkeit, die Pumpe für ihren höchsten Wirkungsgrad in Betrieb zu bringen, wegen der größeren Nähe der Punkte 0 und *b* immer mehr zunehmen. Aus Zahlentafel 3 ist zu erkennen, daß zwischen den Grenzen $0 < \zeta < 1,2$ die hydraulisch besten Radlaufgrade entsprechend sich ändern nach $1,38 > \mathfrak{x}_b > 1,22$. Die günstigsten Wasserlaufgrade schwanken nach $0,65 > \mathfrak{w}_b > 0,22$. Je kleiner ζ ausfällt, umsomehr müssen bei gegebenem $\mathfrak{H}$ und zunehmendem *n* die Wasserlieferungen anwachsen.

Zahlentafel 3.

Rechnungswerte für beste Gangart der Pumpengruppe 182.

Radfestwerte $R = 0,5$ $\alpha_i = 90^0 = \beta_e$ $\beta_a = 166^0 30'$

$\zeta =$	0	0,2	0,4	0,5	0,7	1,0	1,2
$\mathfrak{x}_b =$	1,38	1,31	1,27	1,26	1,24	1,22	1,22
$\mathfrak{w}_b =$	0,65	0,48	0,39	0,35	0,30	0,25	0,22
$\frac{\mathfrak{w}_b}{\mathfrak{x}_b} =$	0,47	0,37	0,31	0,28	0,24	0,20	0,18
$\eta_{h\,max} =$	0,49	0,46	0,44	0,43	0,42	0,42	0,41
$\frac{\mathfrak{w}_b}{\mathfrak{x}_b \eta_{hb}} =$	0,97	0,81	0,69	0,65	0,57	0,49	0,44

§ 69. Kurvenschar nach $\mathfrak{x}$ und $\frac{\mathfrak{w}}{\mathfrak{x}}$ der Pumpengruppe 182.

Fig. 13 zeigt eine für Gruppe 182 gültige Kurvenschar mit Abscissen $\mathfrak{x}$ und Ordinaten $\frac{\mathfrak{w}}{\mathfrak{x}}$ für verschiedene ζ-Werte.

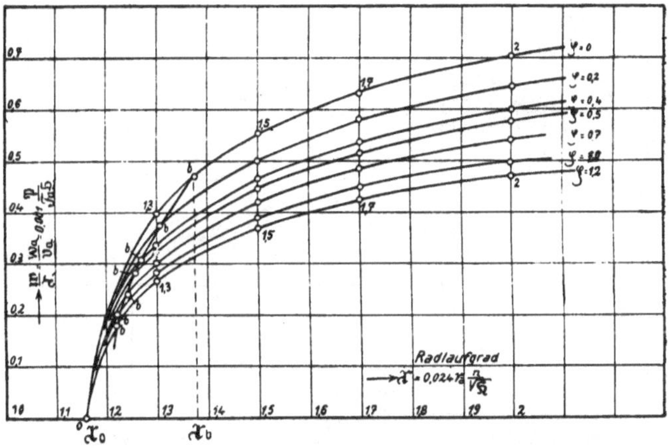

Fig. 13. Pumpengruppe 182.

Radfestwerte $R = 0{,}5$ $\alpha_i = 90^0 = \beta_e$ $\beta_a = 166^0\,30'$

Nach Zahlentafel 3 wächst das Verhältnis

$$\frac{\mathfrak{w}_b}{\mathfrak{x}_b} = \frac{w_{ab}}{v_{ab}}$$

mit abnehmendem ζ zwischen den Grenzen

$$0{,}18 < \frac{\mathfrak{w}_b}{\mathfrak{x}_b} < 0{,}47 \text{ für } 1{,}2 > \zeta > 0.$$

§ 70. Kurvenscharen nach $\mathfrak{x}$ und η_h und nach $\mathfrak{w}$ und η_h der Pumpengruppe 182.

Die in Fig. 14 gezeichnete Kurvenschar der hydraulischen Wirkungsgrade zeigt, daß diese in der Nähe des Punktes b mit veränderlichem $\mathfrak{x}$ umsomehr gleichwertig bleiben, je kleiner ζ angenommen werden kann. Ferner ergeben sich außerordentlich geringe Werte η_h für hohe Umdrehungszahlen, falls ζ größeren Wert annehmen muß.

Eine andere Darstellung der Veränderlichkeit der hydraulischen Wirkungsgrade ist in Fig. 15 durchgeführt, wo als Abscissen Wasserlaufgrade verwendet sind. Der Verlauf der einzelnen η_h-Kurven ist auch hier mit Zahlen nach den zugehörigen $\mathfrak{x}$-Werten bezeichnet.

Auch aus der Darstellung in Fig. 15 geht hervor, daß η_h in der Nähe des Punktes b um so weniger Veränderlichkeit zeigt, je kleiner ζ angenommen werden kann. Für $\zeta = 0$

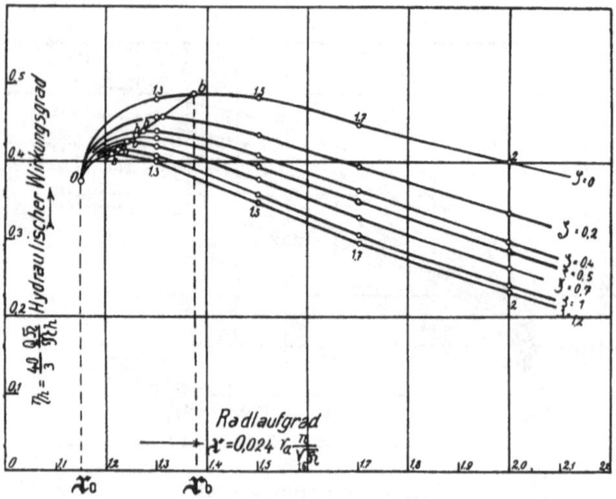

Fig. 14. Pumpengruppe 182.

Radfestwerte $R = 0{,}5$ $\alpha_l = 90^0 = \beta_e$ $\beta_a = 166^0\,30'$.

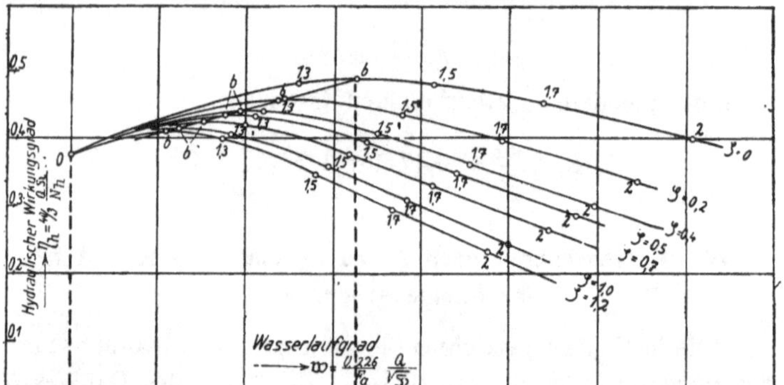

Fig. 15. Pumpengruppe 182.

Radfestwerte $R = 0{,}5$ $\alpha_l = 90^0 = \beta_e$ $\beta_a = 166^0\,30'$.

könnte sogar die Wasserlieferung nach $\mathfrak{w}$ von 0,4 bis 1, also auf mehr als das Doppelte gesteigert werden, ohne zu große Einbuße an Wirkungsgrad.

Aus Zahlentafel 3 ergibt sich

$$0{,}41 < \eta_{h\,\max} < 0{,}49 \quad 1{,}2 > \zeta > 0.$$

Allerdings gegenüber den hohen Wirkungsgraden, welche bei in neuerer Zeit gebauten Schleuderpumpen allgemein erreicht werden können, erscheinen die hier für Gruppe 182 abgeleiteten Werte von $\eta_{h\,max}$ nur sehr gering. Dies findet seine Erklärung wesentlich darin, daß bei Gruppe 182 die Stoßverluste weder beim Eintritte in das Laufrad, noch beim Austritte aus demselben beseitigt werden können.

§ 71. Kurvenschar nach $\mathfrak{w}$ und $\frac{\mathfrak{w}}{\eta_h \mathfrak{x}}$ der Pumpengruppe 182.

Auch für die Darstellung der hydraulischen Drehmomente sind in Fig. 16 als Abscissen die Wasserlaufgrade gewählt

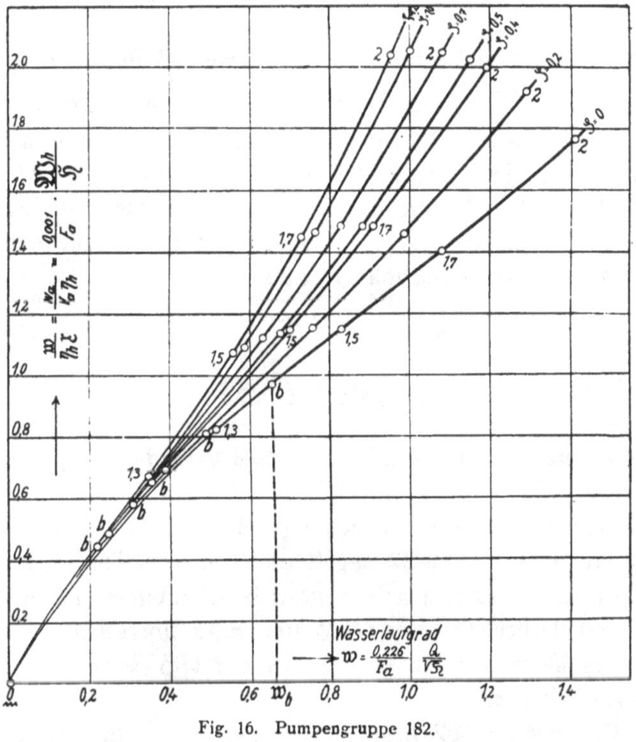

Fig. 16. Pumpengruppe 182.

Radfestwerte $R = 0{,}5$ $\alpha_l = 90^0 = \beta_e$ $\beta_a = 166^0\,30'$.

worden, da mit Verwendung der Radlaufgrade als Abscissen die Kurven sich vielfach überschneiden. Der Verlauf der einzelnen Kurven ist auch in Fig. 16 nach für $\mathfrak{x}$ gültigen Zahlenwerten bezeichnet.

Nach Zahlentafel 3 ergibt sich

$$0{,}44 < \frac{\mathfrak{w}_b}{\mathfrak{x}_b \eta_{h\,\max}} < 0{,}97. \quad 1{,}2 > \zeta > 0.$$

Die Darstellung nach Art der Fig. 16 ist besonders geeignet für den Fall, daß für den Betrieb der Pumpe eine Kraftmaschine gewählt wird, welche nicht eine bestimmte Umdrehungszahl einstellt, sondern ein bestimmtes, an die Pumpenwelle zu übertragendes Drehmoment. Fig. 16 zeigt dann, wie bei allmäligem Anwachsen des Drehmomentes die Wasserlieferung der Pumpe mehr oder weniger ansteigen muß.

Auch hier hat ζ sehr wesentlichen Einfluß auf den Verlauf des bei steigender Wasserlieferung für den Betrieb der Pumpe erforderlichen hydraulischen Drehmomentes.

§ 72. Anwendbarkeit der $Q\mathfrak{H}$-Kurve bei Pumpe 182.

Die in Fig. 5 und 9 bis 16 vorgeführten Darstellungen der veränderlichen Betriebsverhältnisse einer Schleuderpumpe nach Bauart der Pumpe 182 wurden zufolge § 53 dadurch ermöglicht, daß in die Berechnungsformeln die Laufgrade $\mathfrak{x}$ und $\mathfrak{w}$ eingeführt wurden. Dadurch gelang es, statt der in § 51 abgeleiteten Berechnungsformel

$$w_a^2 = \frac{v_a^2(1 - R^2) - 2g\mathfrak{H}}{1 + \zeta}$$

die Formel

$$\mathfrak{w}^2 = \frac{\mathfrak{x}^2(1 - R^2) - 1}{1 + \zeta}$$

aufzustellen, in welcher nur noch zwei Veränderliche $\mathfrak{w}$ und $\mathfrak{x}$ auftreten.

Gegenüber dieser Darstellungsweise mittels der $\mathfrak{x}\mathfrak{w}$-Kurve sind, wie bereits in § 52 angeführt wurde, bei Durchführung von Pumpenversuchen anders geartete Schaubilder üblich, um die Veränderlichkeit nach Q, $\mathfrak{H}$ und n zu übersehen.

Am häufigsten finden sich hier die $Q\mathfrak{H}$-Kurven für unveränderliches n.

Für Pumpe 182 liegt allerdings zunächst das Bedürfnis zur Anwendung einer $Q\mathfrak{H}$-Kurve nicht vor. Mit dieser Pumpe sind Versuche für gleichbleibendes n nicht vorgenommen worden. Trotzdem sollen für Pumpe 182 hier noch weitere Darstellungen unter Verwendung von $Q\mathfrak{H}$-Kurven vorgeführt werden, um das veränderliche Verhalten der Pumpe 182 zu vergleichen mit dem durch Versuche mit anderen Pumpenausführungen nach Kurven festgestellten veränderlichem Verhalten, wie dies in zahlreichen Veröffentlichungen vorliegt.

Auch wird es möglich, durch Verwendung der bei unveränderlich bleibendem n gültigen Berechnungen für Pumpe 182 die der älteren Theorie eigentümlichen Grundlagen durch übersichtliche Schaubilder darzustellen.

§ 73. Berechnungsformel der $Q\mathfrak{H}$-Kurve für Pumpe 182.

Hier ist von der in § 51 abgeleiteten Berechnungsformel

$$2g\mathfrak{H} = (1 - R^2)\left(\frac{2\pi r_a}{60}\right)^2 n^2 - \frac{Q^2}{F_a^2}(1 + \zeta)$$

auszugehen. Für die ausgeführte und durchgeprobte Pumpe 182 gelten der Radfestwert $R = 0{,}5$, die Leitarbeitsvorzahl $\zeta = 0{,}4$ und die Ausführungsgrößen $F_a = 0{,}396$ mit $r_a = 1{,}105$.

Werden diese Werte, ebenso wie die Zahlenwerte für g und π in die aufgestellte Formel eingesetzt, so entsteht

$$\mathfrak{H} = 0{,}0005118\, n^2 - 0{,}455\, Q^2.$$

Nach dieser Formel läßt sich, wenn ein bestimmter unveränderlicher Wert n angenommen wird, eine für Pumpe 182 gültige $Q\mathfrak{H}$-Kurve aufzeichnen.

Diese $Q\mathfrak{H}$-Kurve wird begrenzt sein durch einen Punkt 0 mit Wassermenge $Q_0 = 0$ und ferner durch einen mit Index ∞ zu bezeichnenden Kurvenpunkt mit zugehöriger Förderhöhe $\mathfrak{H}_\infty = 0$.

Dann entsteht $\mathfrak{H}_0 = 0{,}0005118\, n^2$

als Ordinate zu der Abscisse Q_0, ebenso die Abscisse

$$Q_\infty = 0{,}03354\, n$$

zu der Ordinate $\mathfrak{H}_\infty = 0$.

§ 74. Ableitung einer $Q\mathfrak{H}$-Kurve aus der $\mathfrak{x}\frac{\mathfrak{w}}{\mathfrak{x}}$-Kurve.

Statt die $Q\mathfrak{H}$-Kurve, wie hier für Pumpe 182 angegeben, aus einer vorliegenden Berechnungsformel

$$\mathfrak{H} = \text{funct}\,(\text{const}, n, Q)$$

herzustellen, kann auch für jede beliebig gebaute Pumpe die vollständige $Q\mathfrak{H}$-Kurve mittelbar abgeleitet werden, wenn für diese Pumpe bereits eine Charakteristikkurve nach $\mathfrak{x}$ und $\frac{\mathfrak{w}}{\mathfrak{x}}$ vorliegt. Aus dieser Charakteristikkurve läßt sich eine $Q\mathfrak{H}$-Kurve für eine bestimmt angenommene Umdrehungszahl herstellen.

Die Umrechnung der Ordinaten $\mathfrak{H}$ der $Q\mathfrak{H}$-Kurve hat dann nach

$$\mathfrak{H} = \left(\frac{2\pi}{60}\right)^2 \frac{1}{2g} \frac{r_a^2 n^2}{\mathfrak{x}^2} = 0{,}00055894 \frac{r_a^2 n^2}{\mathfrak{x}^2}$$

und die der Abscissen Q der $Q\mathfrak{H}$-Kurve nach

$$Q = \frac{2\pi}{60} F_a r_a n \frac{\mathfrak{w}}{\mathfrak{x}} = 0{,}10472 \, F_a r_a n \frac{\mathfrak{w}}{\mathfrak{x}}$$

zu erfolgen.

Für $\mathfrak{x}$ und für $\frac{\mathfrak{w}}{\mathfrak{x}}$ sind diejenigen Zahlenwerte einzuführen, welche zu den einzelnen Kurvenpunkten der Charakteristikkurven gehören. Dabei sind ferner die Ausführungsgrößen der betreffenden Pumpe F_a und r_a zu verwenden.

Solche Ableitung einer $Q\mathfrak{H}$-Kurve aus einer bereits vorliegenden $\frac{\mathfrak{w}}{\mathfrak{x}}$-Kurve ermöglicht es besonders, auch in der $Q\mathfrak{H}$-Kurve denjenigen Punkt b aus der $\mathfrak{x}\frac{\mathfrak{w}}{\mathfrak{x}}$-Kurve sofort zu bestimmen, für welchen der höchste hydraulische Wirkungsgrad gelten muß.

§ 75. Ableitung von $Q\mathfrak{H}$-Kurven für Pumpe 182 aus der $\mathfrak{x}\frac{\mathfrak{w}}{\mathfrak{x}}$-Kurve.

Dieses allgemeine Umrechnungsverfahren kann für die ausgeführte Pumpe 182 angewendet werden, da für die Pumpengattung 182 in Fig. 9 bereits die $\mathfrak{x}\frac{\mathfrak{w}}{\mathfrak{x}}$-Kurve vorliegt.

Mit den Ausführungsgrößen $F_a = 0{,}396$ und $r_a = 1{,}105$ sind die neuen Koordinaten $\mathfrak{H}$ und Q aus den in § 74 angegebenen Formeln zu berechnen. Werden für n mehrere Werte angenommen, so ergibt sich eine Kurvenschar.

In Fig. 17 sind für Pumpe 182 verschiedene $Q\mathfrak{H}$-Kurven nach $40 < n < 100$ aufgezeichnet. Die eingeschriebenen Zahlenwerte der Radlaufgrade $\mathfrak{x}$ bestimmen den Kurvenverlauf. Jede dieser $Q\mathfrak{H}$-Kurven bildet eine Parabel, welche im Punkte 0 auf der Ordinatenachse beginnt und im Punkte ∞ auf der Abscissenachse endigt.

Die für die besonderen Punkte 0, b und $\overline{\infty}$ der in Fig. 17 aufgezeichneten Parabeln berechneten Werte sind in Zahlentafel 4 zusammengetragen. Danach kann für $40 < n < 100$ Pumpe 182 mit $0 < \mathfrak{H} < 5{,}12$ und $0 < Q < 3{,}31$ im allgemeinen in Betracht kommen, wobei allerdings für praktische Brauchbarkeit wesentlich engere Grenzen gesetzt werden müssen.

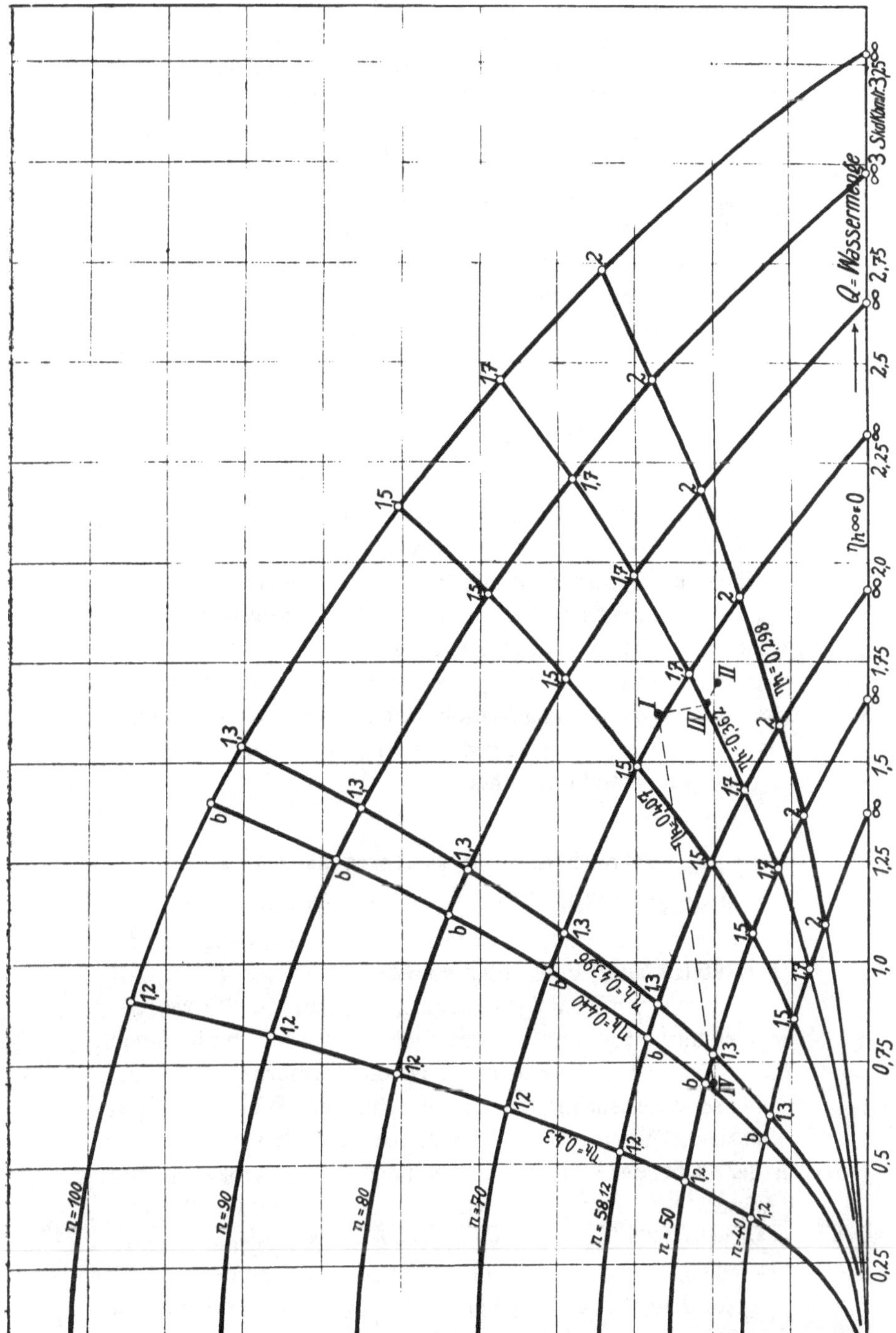
Q = Wassermenge
Sekl/Kbmtr.
$\mathfrak{H}$ = Förderhöhe
Mtr.
n = 100
n = 90
n = 80
n = 70
n = 58,12
n = 50
n = 40
η_{h0} = 0,375
η_h = 0,43
η_h = 0,440
η_h = 0,396
η_h = 0,407
η_h = 0,364
η_h = 0,298
$\eta_{h\infty}$ = 0
I
II
III
IV

Zahlentafel 4. Rechnungswerte für Pumpe 182.
Radfestwerte $R = 0,5$ $\alpha_i = 90^0 = \beta_e$ $\beta_a = 166^0\,30'$ Vorzahl $\zeta = 04$
Ausführungsgrößen $r_a = 1,105$ $F_a = 0,396$

	$n =$	40	50	58,12	70	80	90	100
Kurvenpunkt 0	$\mathfrak{H} =$	0,82	1,28	1,73	2,51	3,28	4,15	5,12
	$Q =$	0	0	0	0	0	0	0
Kurvenpunkt *b*	$\mathfrak{H} =$	0,68	1,06	1,43	2,07	2,70	3,42	4,22
	$Q =$	0,56	0,70	0,81	0,98	1,12	1,26	1,40
Kurvenpunkt ∞	$\mathfrak{H} =$	0	0	0	0	0	0	0
	$Q =$	1,33	1,66	1,93	2,32	2,65	2,98	3,31

§ 76. Versuchsstreckenfolge für Pumpe 182 in der Kurvenschar nach Q und $\mathfrak{H}$.

Endlich ist auch noch in Fig. 17 die Streckenfolge IV, I, III, II nach den in Zahlentafel 1 enthaltenen Versuchsangaben für Q und $\mathfrak{H}$ eingetragen. Eine solche Eintragung von bei verschiedenem n ermittelten Versuchswerten in die Schar der $Q\mathfrak{H}$-Kurve läßt allerdings die Abweichungen nicht erkennen, welche die durch Versuche ermittelten Werte in ihrer Streckenfolge vom regelrechten Kurvenverlaufe infolge von Versuchsfehlern aufzeigen müssen. Aus Fig. 5 ergeben sich die Versuchsabweichungen.

§ 77. Gebräuchliche Kurvenscharen nach Q und $\mathfrak{H}$.

In gleicher Weise wie in Fig. 17 $Q\mathfrak{H}$-Kurven für verschiedene n der Pumpe 182 als Parabeln aufgetragen sind, ist es üblich, auch Versuchsergebnisse aufzuzeichnen.

Bei aus Streckenfolgen herausgebildeten $Q\mathfrak{H}$-Kurven gelingt es allerdings nur schwer, solche Kurven nach ihrem vollen Verlaufe aufzuzeichnen, da die Versuche sich nicht immer so weit ausdehnen lassen, daß schließlich $\mathfrak{H}$ bis zu $\mathfrak{H}_\infty = 0$ herabsinkt. Wohl aber läßt sich auf dem Versuchswege ein in der Nähe des Punktes 0 beginnender Kurvenzweig von gewisser Ausdehnung herstellen. Nur der Punkt 0 einer $Q\mathfrak{H}$-Kurve läßt sich aus Versuchsmessungen niemals genau bestimmen, wie noch besonders nachgewiesen werden soll.

Auf dem Versuchswege ermittelte $Q\mathfrak{H}$-Kurvenzweige haben sich stets als Parabeln, wie in Fig. 17, ergeben. Dies bestätigt

Busse:[86]) „Kurven, die nach wirklich ausgeführten Versuchen aufgezeichnet sind, zeigen immer denselben parabolischen Verlauf, und ich habe wiederholt gefunden, daß man tatsächlich eine solche Parabel als Durchschnittskurve bestimmen kann, um welche sich die Punkte einer Versuchsreihe mit einer Pumpe, die bei unveränderlicher Tourenzahl geprüft wurde, gleichgewichtig gruppieren. . . . Ich halte es für . . . eine völlig berechtigte, auf der Erfahrung gegründete Annahme, daß die Charakteristik für eine Zentrifugalpumpe mit konstanter Umdrehungszahl eine Parabel ist."

§ 78. Ableitung von für andere Umdrehungszahlen gültigen $Q\mathfrak{H}$-Kurven aus einer gegebenen.

Es sei angenommen, daß nach Versuchsergebnissen bei bestimmter Umdrehungszahl n für eine ausgeführte Pumpe eine gültige $Q\mathfrak{H}$-Kurve vorliegt. Dann kann, ohne daß weitere Versuche mit anderen Umdrehungszahlen nötig sind, lediglich auf dem Rechnungswege für diese Pumpe auch eine Kurvenschar, wie in Fig. 17, hergestellt werden.

Nach § 74 gelten für die auf dem Versuchswege gewonnene $Q\mathfrak{H}$-Kurve die Koordinaten

$$\mathfrak{H} = 0{,}00055894 \frac{r_a^2 n^2}{\mathfrak{x}^2}$$

und

$$Q = 0{,}10472 F_a r_a n \frac{\mathfrak{w}}{\mathfrak{x}}.$$

Für eine andere Umdrehungszahl n_1 müssen dann ebenso für die zu diesem n_1 gehörige $Q_1\mathfrak{H}_1$-Kurve die Koordinaten gelten

$$\mathfrak{H}_1 = 0{,}00055894 \frac{r_a^2 n_1^2}{\mathfrak{x}^2}$$

$$Q_1 = 1{,}0472 F_a r_a n_1 \frac{\mathfrak{w}}{\mathfrak{x}},$$

so daß sich ergibt

$$\mathfrak{H}_1 = \mathfrak{H} \frac{n_1^2}{n^2} \quad Q_1 = Q \frac{n_1}{n},$$

da den Kurvenpunkten der $Q\mathfrak{H}$-Kurven in der zugehörigen $\mathfrak{x}\frac{\mathfrak{w}}{\mathfrak{x}}$-Kurve auch dieselben Werte der Laufgrade $\mathfrak{x}$ und $\mathfrak{w}$ entsprechen.

Auf diese einfache Beziehung zwischen den Ordinaten $\mathfrak{H}_1$ und $\mathfrak{H}$ und den Abscissen Q_1 und Q verschiedener

---

[86]) Zeitschrift für das gesamte Turbinenwesen, 1907, S. 479.

$Q\mathfrak{H}$-Kurven hat besonders Schütt[87]) hingewiesen und durch eingehende Versuche an einem Ventilator auch die Richtigkeit solcher Koordinaten-Beziehung voll bestätigt gefunden. Schütt bemerkt dazu, daß es zulässig sei, die Ergebnisse der Ventilatorversuche „ohne Weiteres auch auf Zentrifugalpumpen zu übertragen, da der Unterschied zwischen den beiden Medien, Wasser und Luft, wegen der nur ganz geringfügigen Unterschiede in der Dichte, die bei Ventilatoren auftreten, fast vollständig verschwindet".

Dieser Anschauung schließt sich auch Kux[88]) an: „Diese Schlußfolgerung ist im großen und ganzen zutreffend, wie ein . . . reiches Material von Versuchen . . . an ausgeführten Pumpen . . erkennen läßt".

Ebenso hat Blaess[89]) die für verschiedene $Q\mathfrak{H}$-Kurven gültige Koordinatenbeziehung aus Pumpenversuchen als zutreffend nachgewiesen und als „Prinzip der Affinität" bezeichnet.

§ 79. Ermittlung einer $Q\mathfrak{H}$-Kurve aus Versuchen mit verschiedenen n.

Bei Pumpenversuchen behufs Gewinnung einer $Q\mathfrak{H}$-Kurve hält es oft schwer, bei verschiedener Drosselung durch den Absperrschieber eine völlig gleichbleibende Umdrehungszahl für die treibende Kraftmaschine beizubehalten. Dann können gemessene Werte Q_1 und $\mathfrak{H}_1$ nur je für einzelne genauer bestimmte Umdrehungszahlen n_1 gültig sein.

Auch diese Werte Q_1 und $\mathfrak{H}_1$ sind nach $\mathfrak{H} = \mathfrak{H}_1 \frac{n^2}{n_1^2}$ und $Q = Q_1 \frac{n}{n_1}$ auf eine $Q\mathfrak{H}$-Kurve umzurechnen, welche dann für eine mittlere, vollständig gleichbleibende Umdrehungszahl n gültig ist. Dies Umrechnungsverfahren ist allgemein üblich.[90])

Nach diesem Umrechnungsverfahren ist es auch durchführbar, die in Fig. 17 eingezeichnete Versuchsstreckenfolge IV I III II so zu bestimmen, daß sie für gleichbleibendes n,

---

[87]) Zeitschrift des Vereines deutscher Ingenieure, 1906, S. 1717. Vgl. auch 1907, S. 1129.

[88]) Zeitschrift des Vereines deutscher Ingenieure, 1907, S. 342; Zeitschrift für das gesamte Turbinenwesen, 1907, S. 85.

[89]) Zeitschrift für das gesamte Turbinenwesen, 1907, S. 473, Gl. (24 und (25) und S. 518.

[90]) Vgl. z. B. Zeitschrift für das gesamte Turbinenwesen, 1908 S. 123; Die Turbine, 1907/08, S. 250.

z. B. $n = 58{,}12$, gültig wird. Dann ergibt sich die in Fig. 17a eingezeichnete Streckenfolge, welche dieselben Versuchsabweichungen erkennen läßt, wie in Fig. 5.

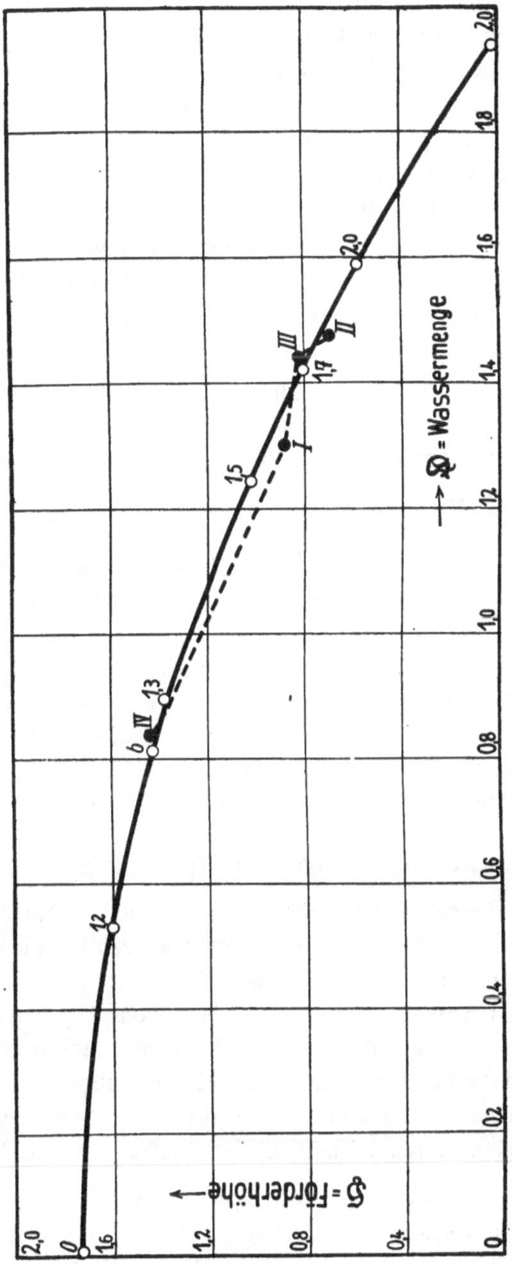

Fig. 17a. Pumpe 182.

Radfestwerte $R = 0{,}5$ $\alpha_l = 90^0 = \beta_e$ $\beta_a = 166^0\,30'$ Vorzahl $\zeta = 0{,}4$

Ausführungsgrößen $\left\{\begin{matrix} r_a = 1{,}105 \\ F_a = 0{,}396 \end{matrix}\right.$ $n = 58{,}12$ Versuche *I* bis *IV*.

§ 80. Zwischenkurven gleicher Laufgrade für Pumpe 182.

Nach Zahlentafel 3 ist bei $\zeta = 0,4$ für die ausgeführte Pumpe 182, entsprechend den Punkten *b* in Fig. 17, überhaupt nur $\eta_{h\,max} = 0,44$ erreichbar.

Die *b*-Punkte der einzelnen $Q\mathfrak{H}$-Kurven sind in Fig. 17 durch eine besondere Zwischenkurve verbunden, für welche dasselbe $\eta_{h\,max}$ gültig ist. Solche Zwischenkurven für gleiches η_h sind in Fig. 17 noch für einige andere, einander entsprechende Punkte der $Q\mathfrak{H}$-Kurven eingezeichnet, und sind dazu die zugehörigen Werte von η_h angegeben.

Nach Fig. 10 entspricht einem bestimmten Radlaufgrade $\mathfrak{x}$ ein zugehöriger Wert von η_h, und nach Fig. 9 auch ein zugehöriger Wert von $\frac{\mathfrak{w}}{\mathfrak{x}}$. Danach können die in Fig. 17 eingezeichneten Zwischenkurven gleichen hydraulischen Wirkungsgrades auch Zwischenkurven gleicher Laufgrade genannt werden.

E. Reichel[91]) hat diese Zwischenkurven „Linien gleichen Zustandes" genannt.

Die Zwischenkurve des ideellen Anspringens fällt mit $\eta_{h0} = 0,375$ in die Ordinatenachse und die Zwischenkurve für $\mathfrak{H}_\infty = 0$ ebenso gradlinig mit $\eta_{h\infty} = 0$ in die Abscissenachse.

Die übrigen Zwischenkurven gleicher Laufgrade sind an ihren bezüglichen Treffpunkten mit den $Q\mathfrak{H}$-Kurven durch Zahlen bezeichnet nach den zugehörigen Radlaufgraden $\mathfrak{x}$. Alle diese Zwischenkurven stellen wiederum Parabeln dar, deren Hauptsache mit der Ordinatenachse zusammenfällt.

§ 81. Zwischenkurven gleichen Wirkungsgrades.

Bei durch Versuche ermittelten Scharen von $Q\mathfrak{H}$-Kurven ist es auch üblich, wie in Fig. 17, Zwischenkurven für gleiche hydraulische Wirkungsgrade einzutragen.[92])

Sind aber neben der ermittelten Schar von $Q\mathfrak{H}$-Kurven noch besonders die zugehörigen Gesamtwirkungsgrade η nach Kraftmessungen bestimmt worden, so können auch in der Kurvenschar diejenigen Kurvenpunkte, für welche gleiches η gilt, durch Zwischenkurven miteinander verbunden werden.

[91]) Zeitschrift für das gesamte Turbinenwesen, 1908, S. 123.

[92]) Vgl. z. B. Versuche mit Gebläsen, Zeitschrift des Vereines deutscher Ingenieure, 1906, S. 1717, Fig. 4; 1907, S. 1129, Fig. 10.

Wie Versuchsveröffentlichungen ergeben haben, entsteht dann ein der Fig. 17 nicht mehr gleiches Gesamtbild. Statt der parabolischen Gestalt der Zwischenkurven in Fig. 17 erhalten die aus Versuchen für gleiches η abgeleiteten Zwischenkurven eine ellipsenähnliche Form.[93])

Die Gründe für diese Verschiedenheiten hat Kux[94]) besonders nachgewiesen.

§ 82. Förderhöhe und Raddreharbeitshöhe für Pumpe 182 bei $n = 58{,}12$.

Wird unter den in Fig. 17 den Berechnungen zugrunde gelegten Umdrehungszahlen $n = 58{,}12$ herausgegriffen, so können für diesen Sonderfall noch weitere Bestimmungen durchgeführt werden. Zunächst kann in Betracht kommen, welche Raddreharbeitshöhen $\mathfrak{H}_h$ bei veränderlicher Wasserlieferung entstehen müssen.

Zufolge § 45 bestimmt sich bei $\alpha_l = 90^0$

$$g\mathfrak{H}_h = v_a (v_a + w_a \cos \beta_a),$$

und danach ist $\mathfrak{H}_h$ bei unveränderlichem v_a oder n nur noch abhängig von w_a oder Q. Zu $n = 58{,}12$ ergibt sich $v_a = 6{,}726$.

In Fig. 18 ist die nach Q wechselnde Größe $\mathfrak{H}_h$ durch eine Gerade von Punkt 0 bis ∞ bestimmbar gemacht. Diese Gerade ist für rückwärts gekrümmte Schaufeln (hier bei Pumpe 182 ist $\beta_a = 166^0\,30^1$) schräg zur Abscissenachse abfallend, würde aber für vorwärts gekrümmte Schaufeln ($\beta_a < 90^0$) von Punkt 0 aus ansteigen und für rechtwinklig auslaufende Schaufeln (Rittingerschaufeln $\beta_a = 90^0$) zur Abscissenachse parallel bleiben. Diese Bestimmungen für Schleuderpumpen ohne vorgeschaltetes Leitrad sind häufig in der Literatur zu finden.

Die Kurve für $\mathfrak{H}$ ist aus Fig. 17 für $n = 58{,}12$ nach Fig. 18 übertragen. Danach mit $\eta_h = \frac{\mathfrak{H}}{\mathfrak{H}_h}$ bestimmt sich auch die in Fig. 18 aufgezeichnete Kurve für η_h.

Die für einzelne Kurvenpunkte entstehenden Rechnungswerte enthält Zahlentafel 5.

---

[93]) Zeitschrift für das gesamte Turbinenwesen, 1907, S. 86, Fig. 1, 1908, S. 124, Fig. 16. Zeitschrift des Vereines deutscher Ingenieure, 1907, S. 343, Fig. 1. Die Turbine, 1907/08, S. 251, Fig. 4 und 5; 1908/09, S. 93, Fig. 5.

[94]) Zeitschrift des Vereines deutscher Ingenieure, 1907, S. 342, Zeitschrift für das gesamte Turbinenwesen, 1907, S. 85.

Zahlentafel 5. Rechnungswerte für Pumpe 182
Radfestw. $R = 0{,}5$ $\alpha_l = 90^0 = \beta_e$ $\beta_a = 166^0 30'$ Vorz. $\zeta = 0{,}4$
Ausführungsgr. $r_a = 1{,}105$ $F_a = 0{,}396$ $n = 58{,}12$ $v_a = 6{,}726$

Kurvenpunkte	0	1,2	b	1,5	∞
$\mathfrak{x} =$	1,15	1,2	1,27	1,5	1/0
$Q =$	0	0,53	0,81	1,24	1,95
$w_a =$	0	1,34	2,06	3,14	4,92
$\mathfrak{H} =$	1,73	1,60	1,43	1,02	0
$\eta_h =$	0,375	0,43	0,44	0,407	0
$\mathfrak{H}_h =$	4,61	3,72	3,24	2,52	1,33
$N_h =$	0	26,30	35,19	41,75	34,56
$\frac{40}{3} Q\mathfrak{H} =$	0	11,33	15,50	17,00	0
$H_s =$	0,58	0,58	0,58	0,58	0,58
$H_w =$	2,31	1,50	1,15	0,71	0,27
$H_{lt} =$	0	0,04	0,09	0,20	0,48
$\frac{40}{3} QH_s =$	0	4,08	6,26	9,56	14,98
$\frac{40}{3} QH_w =$	0	10,62	12,49	11,85	7,02
$\frac{40}{3} QH_{lt} =$	0	0,26	0,94	3,34	12,55
$\mathfrak{H}_{l,e} =$	1,15	1,15	1,15	1,15	1,15
$\mathfrak{H}_{e,a} =$	3,46	2,56	2,09	1,36	0,18
$w^1{}_a =$	0	1,32	3,19	3,72	5,82
$\mathfrak{H}^1 =$	1,73	1,60	1,21	1,02	0
$\mathfrak{W}_h =$	0	293,28	392,45	465,54	385,31
$\mathfrak{W}^1{}_h =$	0	332,51	466,57	466,83	249,70

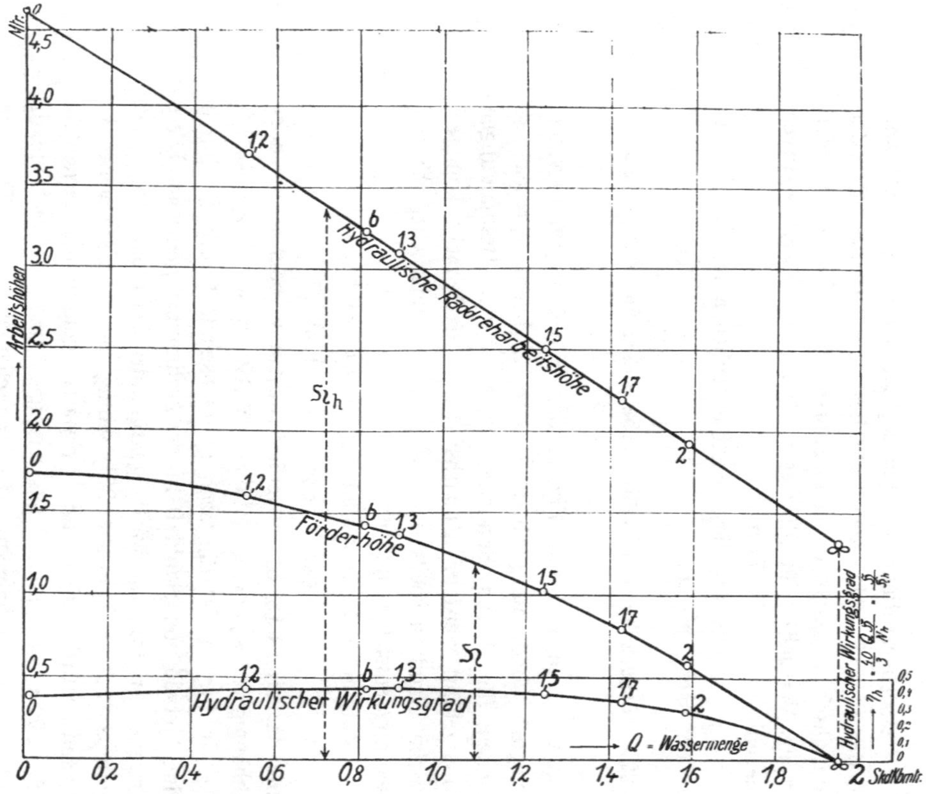

Fig. 18. Pumpe 182.

Radfestwerte $R = 0{,}5$ $\alpha_l = 90^0 = \beta_e$ $\beta_a = 166^0\,30'$ Vorzahl $\zeta = 0{,}4$

Ausführungsgrößen $\begin{cases} r_a = 1{,}105 \\ F_a = 0{,}396 \end{cases}$ $n = 58{,}12$

§ 83. Bestimmung des Punktes b in der $Q\mathfrak{H}$-Kurve.

Wenn nach Versuchsergebnissen für eine mit rückwärts gekrümmten Schaufeln ($\beta_a > 90^0$) versehene Schleuderpumpe ohne vorgeschaltetes Leitrad bei unveränderlichem n eine $Q\mathfrak{H}$-Kurve aufgezeichnet worden ist, so kann durch ein einfaches zeichnerisches Verfahren in dieser Kurve derjenige Punkt b bestimmt werden, für welchen $\eta_{h\,max}$ eintreten muß.

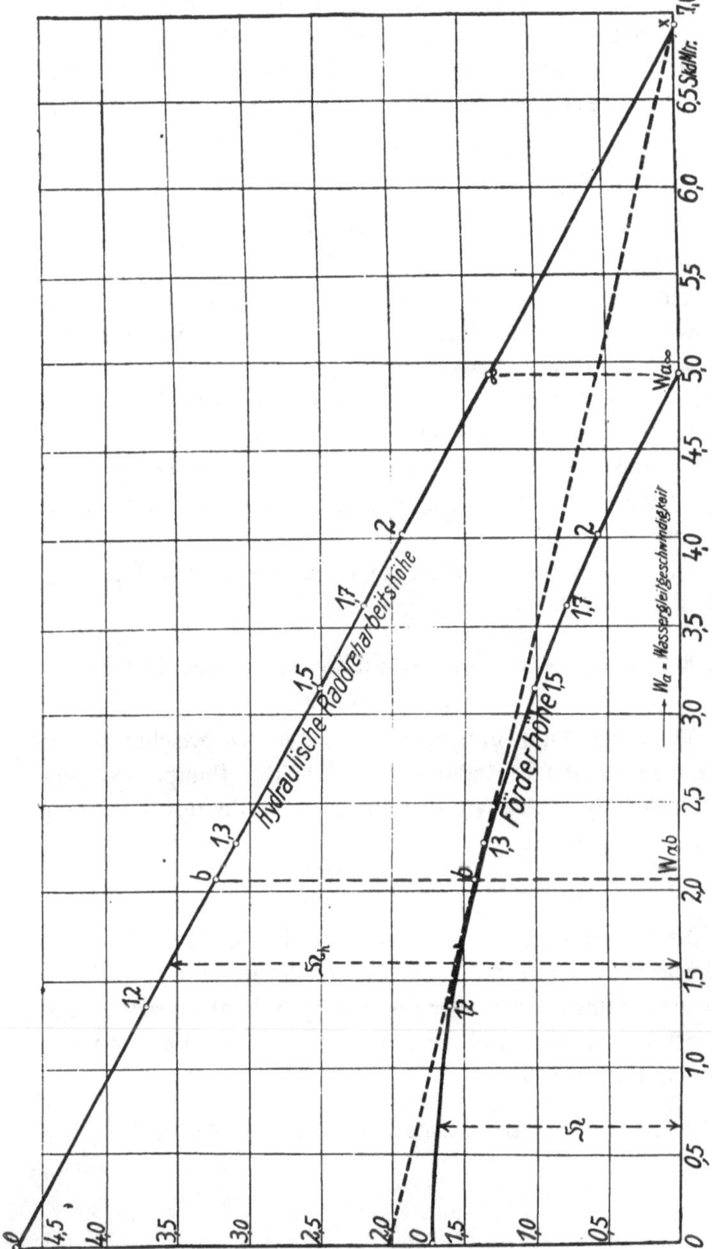

Fig. 19. Pumpe 182.

Radfestwerte $R = 0{,}5$ $\alpha_l = 90^0 = \beta_e$ $\beta_a = 166^0\,30'$. Vorzahl $\zeta = 0{,}4$. Ausführungsgrößen $\left\{ \begin{array}{l} r_a = 1{,}105 \\ F_a = 0{,}396 \end{array} \right.$ $n = 58{,}12$ $v_a = 6{,}726$.

Um dieses allgemein anwendbare Verfahren näher zu begründen, ist in Fig. 19 nochmals für Pumpe 182 die Aufzeichnung der Förderhöhen und Raddreharbeitshöhen bei $n = 58{,}12$ und $v_a = 6{,}726$ vorgenommen worden, jedoch mit dem Unterschiede, daß hier nicht die wachsenden Werte Q, sondern nach $w_a = \frac{Q}{F_a}$ die Wassergleitgeschwindigkeiten w_a die Abscissen bilden.

Die Gerade für $\mathfrak{H}_h$ ist in Fig. 19 bis zu ihrem Schnittpunkte x mit der Abscissenachse verlängert, sodaß hier $\mathfrak{H}_{hx} = 0$ entsteht. Dieser Schnittpunkt x kann aber auf der Abscissenachse auch ohne besondere Aufzeichnung der $\mathfrak{H}_h$-Linie auf dem Rechnungswege festgelegt werden, da $w_{ax} = -\frac{v_a}{\cos\beta_a}$ sich bestimmt.

Ist eine $Q\mathfrak{H}$-Kurve statt der $w_a\mathfrak{H}$-Kurve aufgezeichnet, so berechnet sich die Abscisse Q_x nach $Q_x = -\frac{v_a F_a}{\cos\beta_a}$. Dann ist nur noch nötig, von x aus eine Tangente an die $\mathfrak{H}$-Kurve zu legen, deren Berührungspunkt b dem Wirkungsgrade $\eta_{h\,max}$ entsprechen muß. Wird ferner von x aus eine die $\mathfrak{H}$-Kurve schneidende Gerade gezogen, so ergeben die beiden Schnittpunkte dieser Geraden stets zwei Kurvenpunkte, für welche dasselbe η_h gilt. Ein ähnliches Verfahren hat Busse[95]) angewendet, um mittels eines erfahrungsmäßig angenommenen Wertes von $\eta_{h\,max}$ allgemein die Gleichung der $Q\mathfrak{H}$-Kurve analytisch zu bestimmen.

Die einzelnen Kurvenpunkten entsprechenden Werte w_a sind in Zahlentafel 5 eingetragen.

§ 84. Veränderliche Arbeitsleistung der Pumpe 182 bei $n = 58{,}12$.

Weiterhin kann in Betracht kommen, in welcher Weise bei $n = 58{,}12$ die Veränderlichkeit der für Pumpe 182 erforderlichen hydraulischen Betriebsarbeit in Pferdestärken sich gestalten muß nach

$$N_h = \frac{Q\mathfrak{H}\gamma}{75\,\eta_h} = \frac{Q\gamma\mathfrak{H}_h}{75}$$

Nach den Berechnungen entsteht die in Fig. 20 aufgezeichnete QN_h-Kurve, welche ebenfalls in ihrem Verlaufe nach den Zahlenwerten der zugehörigen Radlaufgrade $\mathfrak{x}$ bezeichnet ist. Hier ergibt sich, daß der höchste Wert von N_h nicht im Punkte b liegt.

---

[95]) Zeitschrift für das gesamte Turbinenwesen, 1907, S. 481.

Eine zweite Kurve in Fig. 20 gibt nach $\eta_h N_h = \frac{40}{3} Q\mathfrak{H}$ die Anzahl Pferdestärken an, welche der reinen Hebearbeit entspricht. Auch in dieser Kurve fällt die größte reine Hebearbeit nicht in den Kurvenpunkt *b*. Eine dritte Kurve in Fig. 20 gibt die zugehörigen Werte η_h. Zahlentafel 5 enthält bezügliche Rechnungswerte.

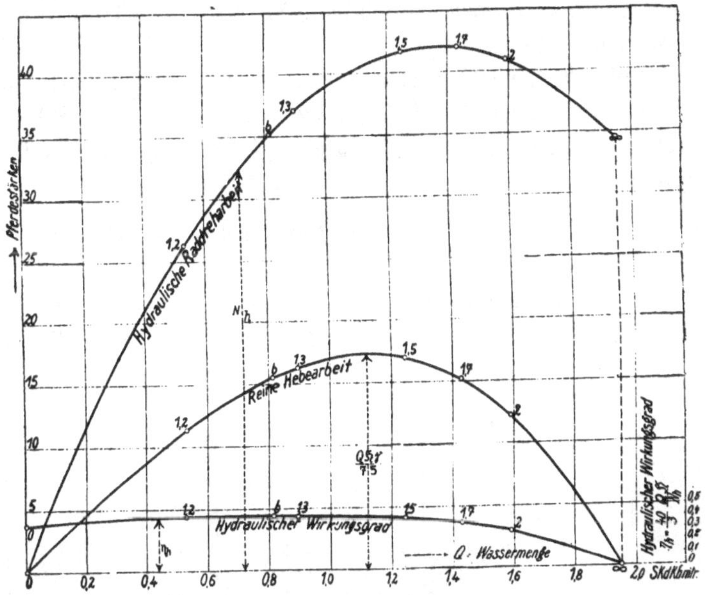

Fig. 20. Pumpe 182.

Radfestwerte $R = 0{,}5$ $\alpha_i = 90^0 = \beta_e$ $\beta_a = 166^0\,30'$. Vorzahl $\zeta = 0{,}4$.

Ausführungsgrößen $\begin{cases} r_a = 1{,}105 \\ F_a = 0{,}396 \end{cases}$ $n = 58{,}12$.

Aus Fig. 20 und Zahlentafel 5 läßt sich entnehmen, unter welchen wechselnden Betriebszuständen Pumpe 182 mit unveränderlichem $n = 58{,}12$ verwendet werden kann ohne zu große Einbuße an Wirkungsgrad. Wird angenommen, daß η_h nicht unter 0,4 herabsinken soll, so kommen in Fig. 20 diejenigen Kurvenstücke ungefähr in Betracht, welche zwischen den $\mathfrak{x}$-Punkten 1,2 und 1,5 liegen.

Allerdings würde nach Fig. 19 durch eine die Punkte $\mathfrak{x}$ und 1,5 verbindende Gerade auf der $\mathfrak{H}$-Kurve ein weiter links von 1,2 liegender Kurvenpunkt getroffen werden, für welchen ebenfalls $\eta_h = 0{,}4$ gelten müßte. Dieser Punkt würde aber so nahe dem Punkte 0 liegen, daß hier schon Turbulenzzustände eintreten könnten.

Zwischen Punkt 1,5 und 1,2 werden Förderhöhen möglich zwischen den Grenzen $1{,}6 > \mathfrak{H} > 1{,}02$ und Wassermengen $0{,}53 < Q < 1{,}24$, wobei die Betriebskraft in Pferdestärken schwankt zwischen $26{,}3 < N_h < 41{,}75$.

Dann bestimmt sich die reine Hebearbeit in Pferdestärken nach $11{,}33 < \frac{40}{3} Q\mathfrak{H} < 17$. Hier würden in der Nähe des Punktes 1,5 auch noch etwas höhere Werte als 17 Pferdestärken entstehen.

Soll Pumpe 182 noch für kleinere Förderhöhen als 1 m mit η_h nicht unter 0,4 wirksam werden, so müssen die Umdrehungszahlen der Pumpe, wie Fig. 17 zeigt, vermindert werden.

§ 85. Verteilung der einzelnen Arbeitshöhen für Pumpe 182 bei $n = 58{,}12$.

Die für Pumpe 182 gültige Berechnungsformel, welche mit den vorliegenden Versuchsergebnissen zufolge § 58 ge-

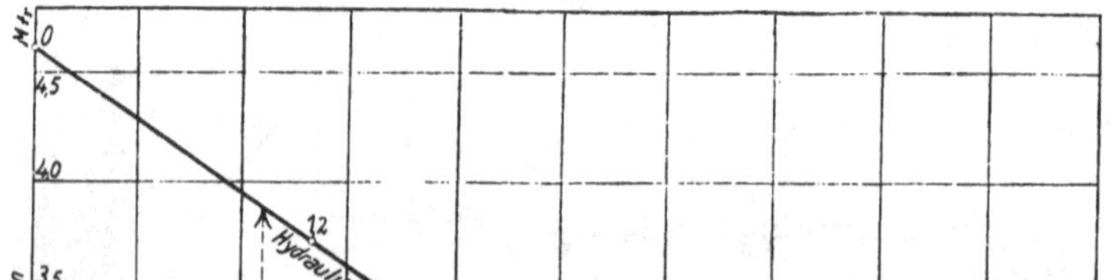

Fig. 21. Pumpe 182.

Radfestwerte $R = 0{,}5$ $\alpha_l = 90^0 = \beta_e$ $\beta_a = 166^0\,30'$. Vorzahl $\zeta = 0{,}4$.

Ausführungsgrößen $\begin{cases} r_a = 1{,}105 \\ F_a = 0{,}396 \end{cases}$ $n = 58{,}12$.

nügende Uebereinstimmung ergab, wurde aus der grundlegenden Bilanzgleichung $\mathfrak{H}_h = \mathfrak{H} + H_{st} + H_{lt}$ abgeleitet, und nach § 48 war $H_{st} = H_s + H_w$, so daß gilt

$$\mathfrak{H}_h = \mathfrak{H} + H_s + H_w + H_{lt}.$$

Behufs Gewinnung einer anschaulichen Uebersicht über die grundlegenden Bedingungen der älteren Theorie wird zu zeigen sein, in welcher Weise bei Pumpe 182 die Verteilung der auftretenden Arbeitshöhen sich gestaltet bei $n = 58{,}12$.

Zunächst ist in Fig. 21, wie in Fig. 18, die nach Q wechselnde Größe $\mathfrak{H}_h$ durch eine Gerade bestimmbar gemacht, ebenso die Förderhöhe $\mathfrak{H}$ in der $Q\mathfrak{H}$-Kurve.

Die dritte Arbeitshöhe H_s zufolge § 48 nach $2\,g\,H_s = R^2\,v_a^2$ ergibt in Fig. 21 eine mit der Abscissenachse parallele Gerade.

Die vierte Arbeitshöhe, berechnet zufolge § 48 nach $2\,g\,H_w = v_a\,(v_a + 2\,w_a \cos \beta_a) + w_a^2$, ergibt die in Fig. 21 eingetragene Kurve für H_w.

Endlich ist noch die in § 24 behandelte Leitarbeitshöhe

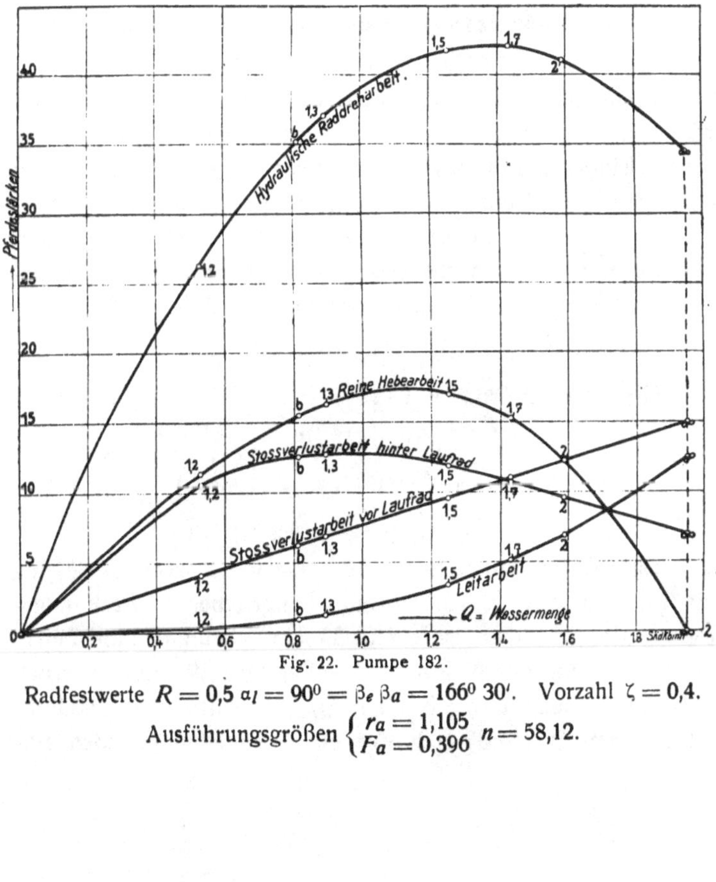

Fig. 22. Pumpe 182.

Radfestwerte $R = 0{,}5$ $\alpha_l = 90^0 = \beta_e$ $\beta_a = 166^0\ 30'$. Vorzahl $\zeta = 0{,}4$.

Ausführungsgrößen $\begin{cases} r_a = 1{,}105 \\ F_a = 0{,}396 \end{cases}$ $n = 58{,}12$.

(in Fig. 21 mit $\mathfrak{H}_{lt}$ bezeichnet) nach $2gH_{lt} = \zeta w_a^2$ in Fig. 21 in der der Abscissenachse zunächst liegenden Kurve veranschaulicht.

Zahlentafel 5 enthält die einzelnen Kurvenpunkten entsprechenden Werte der Arbeitshöhen.

§ 86. Verteilung der einzelnen Arbeiten für Pumpe 182 bei $n = 58,12$.

Um die Veränderlichkeit der zu den einzelnen Arbeitshöhen gehörigen Arbeiten selbst zur Darstellung zu bringen, ist in Fig. 22 nach Pferdestärken ein Schaubild aufgetragen für die hydraulische Raddreharbeit $N_h = \frac{40}{3} Q\mathfrak{H}_h$ und für die Einzelarbeiten nach reiner Hebearbeit $\frac{40}{3} Q\mathfrak{H}$, nach Stoßverlustarbeit vor Laufrad $\frac{40}{3} QH_s$, nach Stoßverlustarbeit hinter Laufrad $\frac{40}{3} QH_w$ und Leitarbeit $\frac{40}{3} QH_{lt}$.

Auch hierfür enthält Zahlentafel 5 Rechnungsergebnisse.

§ 87. Die Stoßnutzarbeitshöhen und Druckarbeitshöhen für Pumpe 182 bei $n = 58,12$.

Es bleibt noch festzustellen, welcher Anteil an der entwickelten hydraulischen Raddreharbeit der Nutzarbeit des Schaufelstoßes gegen das Förderwasser zugeschrieben werden muß, wenn die Pumpe 182 mit $n = 58,12$ betrieben wird.

In § 46 und 47 wurde gezeigt, wie nach der älteren Theorie die Raddreharbeitshöhe als Summe der Stoßnutzarbeitshöhe und der Druckarbeitshöhe aufgefaßt wird,

$$\mathfrak{H}_h = \mathfrak{H}_{l,e} + \mathfrak{H}_{e,a}.$$

Hier gilt für Pumpe 182

$$g\mathfrak{H}_{l,e} = R^2 v_a^2,$$

$$g\mathfrak{H}_{e,a} = v_a \left\{v_a (1 - R^2) + w_a \cos \beta_a\right\}$$

und

$$g\mathfrak{H}_h = v_a (v_a + w_a \cos \beta_a).$$

Danach bestimmen sich für einzelne Kurvenpunkte die für $\mathfrak{H}_{l,e}$ und $\mathfrak{H}_{e,a}$ in Zahlentafel 5 angegebenen Rechnungswerte. Mit denselben ist in Fig. 23 ein Schaubild aufgetragen, in welchem die zur Abscissenachse Parallele die unveränderlich bleibenden Stoßnutzarbeitshöhen $\mathfrak{H}_{l,e}$ darstellt. Die Raddreharbeitshöhen $\mathfrak{H}_h$ sind nach der entsprechenden Geraden eingetragen. Dann entstehen die Druckarbeitshöhen $\mathfrak{H}_{e,a}$ als Differenzen $\mathfrak{H}_h - \mathfrak{H}_{l,e}$. Das Schaubild Fig. 23 führt deutlich vor Augen, welcher beträchtliche Anteil an Raddreharbeit der

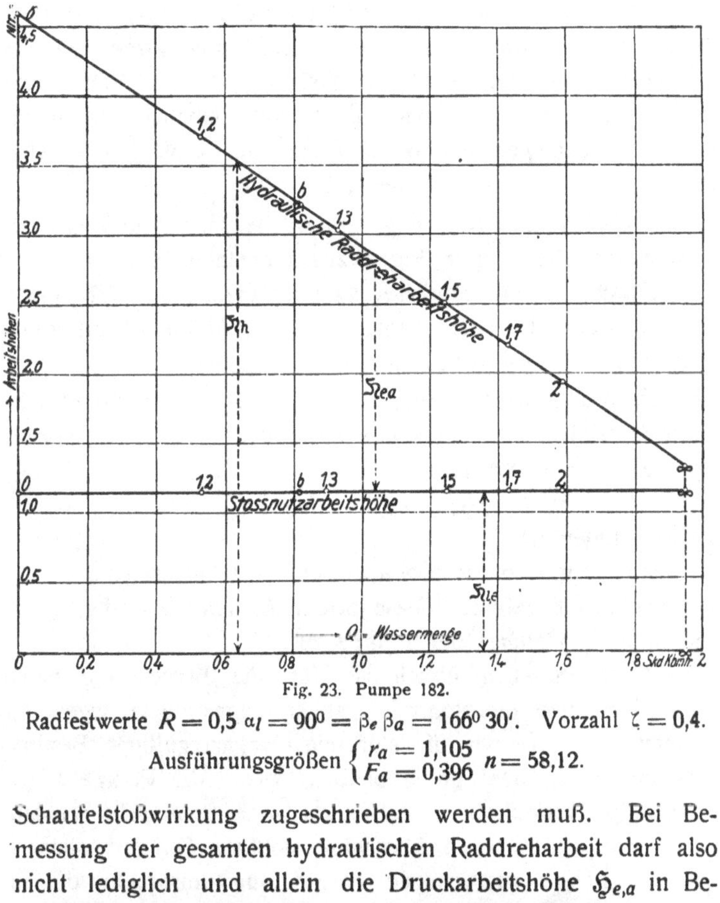

Fig. 23. Pumpe 182.

Radfestwerte $R = 0,5$ $\alpha_l = 90^0 = \beta_e$ $\beta_a = 166^0\,30'$. Vorzahl $\zeta = 0,4$.

Ausführungsgrößen $\begin{cases} r_a = 1,105 \\ F_a = 0,396 \end{cases}$ $n = 58,12$.

Schaufelstoßwirkung zugeschrieben werden muß. Bei Bemessung der gesamten hydraulischen Raddreharbeit darf also nicht lediglich und allein die Druckarbeitshöhe $\mathfrak{H}_{e,a}$ in Betracht gezogen werden. Indessen ist die Arbeitswirkung durch Stoß stets mit großem Verlust verbunden; so erklärt sich auch hieraus der geringe hydraulische Wirkungsgrad für Pumpe 182.

§ 88. Nichtbeachtung von $\mathfrak{H}_{l,e}$.

Die Zerlegung der Raddreharbeitshöhe $\mathfrak{H}_h = \mathfrak{H}_{l,e} + \mathfrak{H}_{e,a}$ in Stoßnutzarbeitshöhe und Druckarbeitshöhe wird in der Literatur nicht immer beachtet. Vielmehr findet sich oft $\mathfrak{H}_{e,a}$ mit $\mathfrak{H}_h$ verwechselt[96]), indem die Formel

$$gH = v_a\,(v_a + w_a \cos \beta_a) - v_e\,(v_e + w_e \cos \beta_e)$$

[96]) Vgl. z. B. Zeitschrift für das gesamte Turbinenwesen, 1907

aufgestellt wird, in welcher H die „Theoretische Druckhöhe“ bezeichnen soll. Diese so berechnete theoretische Druckhöhe H ist aber nach § 47 lediglich die Druckarbeitshöhe $\mathfrak{H}_{e,a}$, welche nicht bereits die gesamte Raddreharbeitshöhe $\mathfrak{H}_h$ darstellen kann. Dabei wird allerdings gleichzeitig unterlassen, auf die Verschiedenheit der Geschwindigkeit c_l vor dem Stoße von der Geschwindigkeit c_e nach dem Stoße einzugehen, indem wiederum entgegen der Bestimmung nach § 39 gesetzt wird

$$v_e + w_e \cos \beta_e = c_l \cos \alpha_1,$$

welche Gleichung nur richtig sein würde, falls c_l und c_e nach Größe und Richtung in Fig. 3 zusammenfallen würden.

Durch Einführung dieser an sich unzulässigen Gleichung entsteht dann für die theoretische Druckhöhe H als Endgleichung $$gH = v_a (v_a + w_a \cos \beta_a) - v_e c_l \cos \alpha_l,$$
so daß in Übereinstimmung mit § 45 die theoretische Druckhöhe H tatsächlich die gesamte Raddreharbeitshöhe $\mathfrak{H}_h$ ergibt, welche bei $\alpha_l = 90°$ nach

$$g\mathfrak{H}_h = v_a^2 + v_a w_a \cos \beta_a$$

zu bestimmen ist.

Hier folgt also aus zwei unzutreffenden Annahmen dennoch ein richtiges Ergebnis. Diese beiden Annahmen treffen allein für stoßfreie Gangart der Pumpe zu.

Wenn es auch üblich ist, für die Berechnung einer Schleuderpumpe die stoßfreie Gangart zugrunde zu legen, so können doch die nur für stoßfreie Gangart gültigen Bestimmungen nicht mehr gültig bleiben, wenn die Pumpe allgemeiner für veränderliche Betriebszustände untersucht werden soll. Pumpe 182 kann überhaupt stoßfreie Gangart niemals annehmen, und hier zeigen darum nur umsomehr die in Fig. 23 aufgetragenen Schaulinien die besondere Bedeutung der Stoßnutzarbeitshöhe $\mathfrak{H}_{l,e}$.

§ 89. Verwechselung der Druckarbeitshöhe mit der Raddreharbeitshöhe.

Die Nichtbeachtung von $\mathfrak{H}_{l,e}$ hat aber auch recht häufig in der Literatur dazu geführt, die Druckarbeithöhe $\mathfrak{H}_{e,a}$ bereits als volle Raddreharbeitshöhe anzusehen. Dies geschieht z. B.

S. 474, Gl. (5), (8) und (11). Hütte, Des Ingenieurs Taschenbuch, 20. Aufl., Abt. II, S. 553; 21. Aufl., Bd. II, S. 603. Hartmann-Knoke, Die Pumpen, Dritte Aufl. von H. Berg, Berlin, 1906, S. 437, Gl. 358.

von Biel bei der Nachrechnung seiner in § 2 und 10 angeführten Pumpenversuche.[97] Am a. O. wird als „Hauptgleichung für die theoretische Druckhöhe“

$$H = \frac{v_a^2 - v_e^2}{2g} - \frac{w_a^2 - w_e^2}{2g} + \frac{c_a^2 - c_e^2}{2g}$$

und „in anderer Form“

$$H = \frac{v_a (v_a + w_a \cos \beta_a) - v_e (v_e + w_e \cos \beta_e)}{g}$$

aufgestellt und gesagt: „Die theoretische Druckhöhe H bedeutet die Druckhöhe, die man erhalten würde, wenn keine Druckhöhenverluste innerhalb des Kreiselrades zu überwinden wären .... Die tatsächlich nutzbar erzeugte Druckhöhe h ist um die Reibungs- und Wirbelverluste im Rad und im Gehäuse geringer Das Verhältnis $\frac{h}{H}$ wird der hydraulische Wirkungsgrad genannt.“ Danach kann kein Zweifel sein, daß hier die „theoretische Druckhöhe H“ tatsächlich als hydraulische Raddreharbeitshöhe, also als $\mathfrak{H}_h$ aufgefaßt werden soll.

Gegen solche Bestimmung hat auch Hagens[98]) Widerspruch erhoben: „Solche theoretischen Unterlagen sind unbrauchbar, da sie widersinnige Resultate ergeben.“ Biel erklärt a. a. O. dem gegenüber: „Die theoretische Hauptgleichung .... habe ich ohne Bedenken meinen Untersuchungen zugrunde gelegt, weil sie von den namhaftesten Forschern, u. a. von Combes, Gieseler, Unwin, Rateau, auf zum Teil sehr verschiedenen Wegen abgeleitet ist.“

Wie aus § 47 zu erkennen, beruht solche Auffassung der „theoretischen Hauptgleichung“ auf Verwechselung von $\mathfrak{H}_h$ mit $\mathfrak{H}_{e,a}$, da die berechnete „theoretische Druckhöhe H“ nicht die hydraulische Raddreharbeitshöhe $\mathfrak{H}_h$ darstellt, sondern nur die Druckarbeitshöhe $\mathfrak{H}_{e,a}$. Diese Verwechselung beruht auf Nichtbeachtung von $\mathfrak{H}_{l,e}$. Die Stoßnutzarbeitshöhe $\mathfrak{H}_{l,e}$ wird nur zu Null bei stoßfreiem Wassereintritte in das Laufrad. Von der „theoretischen Hauptgleichung für H“ sagt Bente[99]) zutreffend: „Die Formeln sind jedoch nur richtig unter der Voraussetzung stoßfreien Eintrittes der Flüssigkeit in das Laufrad.“

97) Zeitschrift des Vereines deutscher Ingenieure, 1908, S. 442.
98) Zeitschrift des Vereines deutscher Ingenieure, 1908, S. 899.
99) Die Turbine, 1907/08, S. 250.

§ 90. Das Zutreffen der Stoßberechnungen.

Mit den nach der älteren Theorie durchgeführten Berechnungen des Wasserstoßes wurde es möglich, wie dies besonders Fig. 21 und 23 zeigen, die hinsichtlich veränderlicher Wasserlieferung vorliegenden Versuchsergebnisse für Pumpe 182 mit der Rechnung in Einklang zu bringen. Durch solchen auf Erfahrungsgrundlage geführten Nachweis ergeben sich die in § 33 angeführten Zweifel über die Brauchbarkeit der Stoßberechnungen wohl als unberechtigt.

Allerdings wird bei den Schleuderpumpen neuerer Bauart die Stoßwirkung sowohl nach ihrer Nutzarbeit, als auch nach ihren Arbeitsverlusten viel weniger zur Geltung kommen, als bei der als Stoßpumpe zu bezeichnenden Pumpe 182. Aber gerade der Umstand, daß bei der Stoßpumpe 182 sehr beträchtliche Stoßwirkungen auftreten, läßt nur umsomehr daraufhin schließen, daß die zur Berechnung derselben benutzten Grundlagen brauchbar sind und darum auch in solchen Fällen verwendbar bleiben, wo Stoßwirkungen in nur geringem Maße auftreten.

Im Übrigen kann hier noch angeführt werden, daß das Zutreffen der nach der älteren Theorie gültigen Stoßberechnungen auch durch Versuche an einer 300pferdigen Wasserturbine[100]) nachgewiesen wurde. Diese Versuche wurden bei verschiedenen Laufgraden der Turbine auch bei festgebremstem Laufrade vorgenommen, so daß die auftretenden Stoßarbeiten sehr beträchtlich werden mußten.[101])

§ 91. Bilanzgleichung des ideellen Anspringens.

Die Arbeitshöhen des ideellen Anspringens geben Anlaß, die hierüber in der Literatur auftretenden Bestimmungen mit den Ergebnissen der älteren Theorie in Vergleich zu ziehen.

Aus Fig. 21 und 23 sind die für jeden Betriebszustand der Pumpe 182 bei $n = 58{,}12$ gültigen Einzelwerte aller in der Bilanzgleichung vorkommenden Arbeitshöhen zu entnehmen, so auch die für Punkt 0 gültigen. Hier lautet die Bilanzgleichung

$$\mathfrak{H}_{l,e_0} + \mathfrak{H}_{e,a_0} = \mathfrak{H}_{h_0} = \mathfrak{H}_0 + H_{st_0} + H_{lt_0}.$$

Für diese Arbeitshöhen gilt in den Formeln $w_{a_0} = 0$.

---

100) Dr. Ing. Fritz Oesterlen, Zur Theorie der Francis-Turbinen, Berlin 1908, Julius Springer.

101) Vgl. auch Zeitschrift f. d. gesamte Turbinenwesen, 1908, S. 562.

Aus der für Pumpe 182 gültigen Berechnungsformel in § 51 entsteht dann

$$\mathfrak{H}_0 = \frac{v_a^2 (1 - R^2)}{2g}.$$

Nach § 45
$$\mathfrak{H}_{h_0} = \frac{v_a^2}{g},$$

nach § 46
$$\mathfrak{H}_{l,e_0} = \frac{R^2 v_a^2}{g},$$

nach § 47
$$\mathfrak{H}_{e,a_0} = \frac{v_a^2 (1 - R^2)}{g}$$

nach § 48
$$H_{st_0} = H_{s_0} + H_{w_0} = \frac{v_a^2 (1 + R^2)}{2g}$$

und nach § 24 $H_{lt_0} = 0$.

Diese zunächst für Pumpengruppe 182 abgeleiteten Formeln ergeben, daß die für das ideelle Anspringen gültigen Arbeitshöhen nur von v_a und R abhängig sind.

Nach der älteren Theorie sind aber die hier aufgestellten Formeln überhaupt ganz allgemein für Zentrifugalpumpen beliebiger Bauart, ob mit oder ohne Leitrad gebaut, gültig. Dies läßt sich nachweisen, wenn in gleicher Art, wie hier für Pumpengruppe 182 geschehen, die Berechnungsformeln für die verschiedenen gebräuchlichen Pumpenbauarten auf Grund der älteren Theorie aufgestellt werden.

§ 92. Raddreharbeitshöhe des ideellen Anspringens.

Diese Allgemeingültigkeit der Formeln des ideellen Anspringens erlaubt es, die Ergebnisse derselben zu vergleichen mit ähnlichen für Zentrifugalpumpen in der Literatur üblichen Angaben.

So wird häufig auch bei aufgestellten $Q\mathfrak{H}$ - Kurven $\mathfrak{H}_{h_0} = \frac{v_a^2}{g}$ angegeben.[102] Bei Vorführung solcher mit $\mathfrak{H}_{h_0}$ im Punkte 0 beginnenden $Q\mathfrak{H}_h$-Kurven sagt H. Hoffmann:[103] „Diese Darstellung der theoretischen Förderhöhe erwähne ich nur, weil sie in der Literatur vorhanden ist; sie hat aber wenig Wert, führt irre."

Allerdings kann $\mathfrak{H}_{h_0}$ ebensowenig wie $\mathfrak{H}_h$ überhaupt bei Versuchen unmittelbar gemessen werden. Hierzu kommt noch, daß der Betriebszustand des ideellen Anspringens überhaupt praktisch an einer Pumpe nicht herstellbar ist. Trotzdem muß

---

[102]) Vgl. z. B. Hütte, Des Ingenieurs Taschenbuch, 20. Auflage, Abt. II, S. 555, Abb. 326, 21. Aufl., Bd. II, S. 605, Abb. 367.

[103]) Zeitschrift des Verein. deutsch. Ingenieure, 1909, S. 6, Fig. 10.

aber erkannt werden, daß die Berechnung von $\mathfrak{H}_{h_0}$ für richtige Aufstellung einer $Q\mathfrak{H}_h$-Kurve nicht entbehrt werden kann. Wird das ideelle Anspringen hinsichtlich seiner theoretischen Bedeutung gewürdigt, so ist eine Irreführung nicht zu befürchten. Werden für mehrere beliebig gebaute Zentrifugalpumpen die verschiedenen $Q\mathfrak{H}_h$-Kurven gemeinsam zu einer Schar aufgetragen, so müssen alle diese Kurven den Anfangspunkt 0 mit $\mathfrak{H}_{h_0}$ gemeinsam haben, wenn zwar die für die einzelnen $Q\mathfrak{H}_h$-Kurven gültigen n-Werte verschieden sind, aber dabei doch die für jede dieser Pumpen nach den bezüglichen Werten von r_a und n berechenbare Umfangsgeschwindigkeit v_a für alle diese Pumpen übereinstimmt. Hier bedingt auch eine Verschiedenheit des Radfestwertes R keinen Unterschied.

§ 93. Die ideelle Schwebesäule.

Punkt 0 der $Q\mathfrak{H}$-Kurve läßt sich aus Versuchsmessungen nicht genau bestimmen. Für Punkt 0 ist vielmehr die Berechnung der Förderhöhe $\mathfrak{H}_0$ nach § 90 notwendig.

Diese überhaupt durch Versuche nicht meßbare Förderhöhe

$$\mathfrak{H}_0 = \frac{v_a^2 (1 - R^2)}{2g}$$

ist als ideelle Schwebesäule zu bezeichnen.

Werden $Q\mathfrak{H}$-Kurven für gleiches v_a, aber für ganz verschieden gebaute Zentrifugalpumpen, die nur den Radfestwert R gemeinsam haben, nach Versuchsergebnissen in eine Kurvenschar zusammengetragen, so müssen auch hier im Punkte 0 mit gleichem $\mathfrak{H}_0$ sämtliche Kurven beginnen.

Zur Berechnung der ideellen Schwebesäule gibt Zeuner[104]) an

$$\mathfrak{H}_0 = \frac{v_a^2}{2g}\left\{1 - R^2 (1 - \zeta_0 \cos^2 \beta_e)\right\},$$

wenn „die Wassersäule auf der Höhe $\mathfrak{H}_0$, der Förderhöhe, erhalten werden, also der Gleichgewichtszustand vorliegen" soll. „Bis auf Weiteres" wäre $\zeta_0 = 1{,}25$ zu setzen. Zeuner sagt aber[105]): „Nach allem dürfte es wohl angemessen erscheinen, die Frage einmal gründlicher auf theoretischem Wege zu untersuchen." .

---

104) Zeuner, Theorie der Turbinen, Leipzig, 1899, S. 325, Gl. (254). von Grünebaum, Zur Theorie dsr Zentrifugalpumpen, Berlin, 1905, S. 30, Gl. 67.

105) Zeuner, Theorie der Turbinen, S. 334.

Mit $\beta_e = 90^\circ$ geht auch die Zeuner'sche Gleichung über in

$$\mathfrak{H}_0 = \frac{v_a^2}{2g}(1 - R^2).$$

Diese für die ideelle Schwebesäule ganz allgemein gültige Bestimmung wird sehr häufig in der Literatur angegeben. So hat auch H. Lorenz diese Gleichung abgeleitet[106]) und sagt dazu, daß „bei Zeuner eine mit dem Stoßkoeffizienten belastete unrichtige Formel steht, welche in der neueren Literatur vielfach nachgeschrieben wurde."

§ 94. Die Ordinate zum Punkte 0 bei durch Versuche ermittelten $Q\mathfrak{H}$-Kurven.

Wenn auch $\mathfrak{H}_0$ auf dem Versuchswege nicht ermittelt werden kann, so ist es doch möglich, die wirkliche Schwebesäule, welche beim Leerlaufe, beim vollständigen Abdrosseln oder beim Abschnappen einer Pumpe entstehen muß, manometrisch zu messen.

Solche wirkliche Schwebesäule sei hier mit $\mathfrak{H}'$ bezeichnet zum Unterschiede von der ideellen $\mathfrak{H}_0$. Diese beiden Schwebesäulen sind wesentlich verschieden. Die rechnerische Ermittelung von $\mathfrak{H}'$ bedarf besonderer Untersuchung.

Bei Ermittelung von $Q\mathfrak{H}$-Kurven auf dem Versuchswege ist es allerdings gebräuchlich, die beim vollständigen Abdrosseln manometrisch bestimmte wirkliche Schwebesäule $\mathfrak{H}'$ als Ordinate im Anfangspunkte 0 in die aufzuzeichnende $Q\mathfrak{H}$-Kurve aufzunehmen. In der Literatur finden sich aber recht widersprechende Angaben über versuchsmäßige Feststellungen solcher Ordinaten.

„Aus vielen hundert Versuchen" fand Busse[107]) „bei weitaus den meisten Pumpen" $\mathfrak{H}' = 0{,}97\,\frac{v_a^2}{2g}$. Nach dieser Formel würden $\mathfrak{H}'$ und $\mathfrak{H}_0$ nur für $R = 0{,}17$ übereinstimmen.

Nach anderen Angaben[108]) soll $\mathfrak{H}' = \frac{v_a^2}{2g}$, also noch größer gefunden worden sein. Danach würden $\mathfrak{H}_0$ und $\mathfrak{H}'$ nur für $R = 0$ übereinstimmen.

---

106) Zeitschrift für das gesamte Turbinenwesen, 1908, S. 474, Gl. (36b). H. Lorenz, Technische Hydrodynamik, München und Berlin, 1910, S. 154, Gl. (8).

107) Zeitschrift für das gesamte Turbinenwesen, 1907, S. 480.

108) Hütte, Des Ingenieurs Taschenbuch, 20. Auflage, Abt. II, S. 555, Abb. 326, 21. Aufl., Bd. II, S. 605, Abb. 367.

Ganz abweichend ist die Angabe von Bente[109]): „Der Flüssigkeitsdruck, den eine Pumpe bei ganz abgesperrter Druckrohrleitung erzeugt, ist ... theoretisch $\mathfrak{H}' = \frac{v_a^2}{g}(1 - R^2)$. Praktisch beträgt $\mathfrak{H}'$ nur 70—80 % der berechneten Größe."

In Bezug auf die Größe von $\mathfrak{H}'$ sagt H. Hoffmann[110]): „Bei der Fördermenge Null ...., wenn also die Pumpe im toten Wasser gegen den geschlossenen Schieber arbeitet, ist der wirkliche Druck in diesem Falle etwa $\frac{v_a^2}{2g}$ oder etwas größer, weil die Pumpen nie dicht sind und sich auch be geschlossenem Schieber innerhalb der Pumpe Strömungen bilden."

Schon mit Rücksicht auf diese Schwierigkeiten einer genauen Messung kann nicht erwartet werden, daß auf dem Versuchswege die zum Kurvenpunkte 0 gehörige Förderhöhe überhaupt zutreffend feststellbar ist.

§ 95. Hydraulischer Wirkungsgrad des ideellen Anspringens.

Der hydrauliche Wirkungsgrad für das ideelle Anspringen jeder Zentrifugalpumpe berechnet sich nach $\eta_{h_0} = \frac{\mathfrak{H}_0}{\mathfrak{H}_{h_0}} = \frac{1 - R^2}{2}$. Ist R gegeben, so wird danach der Beginn der $Q\eta_h$-Kurve, wie in Fig. 18 und 20, festgelegt.

Für das ideelle Anspringen würde also jede Zentrifugalpumpe bereits einen zugehörigen hydraulischen Wirkungsgrad besitzen, welcher für $0 < R < 1$ in seinen Grenzwerten nach $\frac{1}{2} > \eta_{h_0} > 0$ bestimmbar ist. Für $R = \frac{1}{2}$ wird $\eta_{h_0} = \frac{3}{8}$.

Nach der Gleichung $\eta_{h_0} = \frac{Q_0 \mathfrak{H}_0 \gamma}{\mathfrak{W}_{h_0} v_a}$ könnte es auffallen, daß trotz nicht geleisteter Wasserhebearbeit bei $Q_0 = 0$ dennoch ein hydraulischer Wirkungsgrad größer als Null entstehen soll. Dieser scheinbare Widerspruch erklärt sich aber, wenn in diese Gleichung statt $\mathfrak{W}_{h_0} v_a$ der entsprechende Wert $Q_0 \gamma \mathfrak{H}_{h_0}$ eingesetzt wird, so daß $\eta_{h_0} = \frac{0}{0}$ wird.

Auch H. Lorenz[111]) gibt die allgemein bekannte Gleichung $\eta_{h_0} = \frac{1 - R^2}{2}$ an und sagt über den hier behandelten scheinbaren Widerspruch: „Bemerkenswert ist noch, daß für

---

[109]) Die Turbine, 1907/08, S. 250.

[110]) Zeitschrift des Ver. deutscher Ingenieure, 1909, S. 6, Fig. 10.

[111]) Zeitschrift für das gesamte Turbinenwesen, 1908, S. 474, Gl. 37a. H. Lorenz, Techn. Hydrodynamik, 1910, S. 155, Gl. 12a.

die Schwebegeschwindigkeit η_{h_0} nicht verschwindet, wie man erwarten sollte. Es rührt dies einfach daher, daß hierbei nicht blos die Nutzarbeit, sondern, wenigstens theoretisch, auch das Drehmoment verschwindet."

§ 96. Die ideelle Schwebesäule im Gleichgewicht.

Die ideelle Bedeutung von $\eta_{h_0} = \frac{\mathfrak{H}_0}{\mathfrak{H}_{h_0}}$ erklärt sich durch den Umstand, daß, wenn auch beim ideellen Anspringen noch keine Wasserförderung, also keine Förderarbeit geleistet werden soll, so doch der in den Steigeröhren der Pumpe anstehenden ideellen Schwebesäule $\mathfrak{H}_0$ das Gleichgewicht gehalten werden muß. Diese Schwebesäule wird, wenn in der Saugleitung der Pumpe kein Fußventil und in der Druckleitung kein Rückschlagventil vorhanden ist, durch Kraftentwicklung des Pumpenlaufrades am Herabfallen gehindert.

Die Gleichgewichtsbeziehung zwischen $\mathfrak{H}_0$ und $\mathfrak{H}_{h_0}$ findet darin ihren Ausdruck, daß hier die Bilanzgleichung

$$\mathfrak{H}_{h_0} = \mathfrak{H}_0 + H_{st_0}$$

nach § 90 gelten soll. Der Schwebesäule $\mathfrak{H}_0$ soll durch die Differenz von $\mathfrak{H}_{h_0}$ und H_{st_0} das Gleichgewicht gehalten werden. $\mathfrak{H}_{h_0}$ ist durch Drehung der Pumpenwelle zu erzeugen, während H_{st_0} die bei der Umsetzung von $\mathfrak{H}_{h_0}$ in $\mathfrak{H}_0$ durch Wasserstoß verloren gehende Arbeitshöhe darstellt.

§ 97. $Q\eta$-Kurven nach Versuchen.

Ehe die bei Umsetzung von Raddreharbeitshöhe in Schwebesäule tatsächlich zu verrichtenden Arbeitsleistungen genauer untersucht werden, sei hier noch in Betracht gezogen, in welcher Weise die nur rechnerisch zu ermittelnden $Q\eta_h$-Kurven sich unterscheiden von auf dem Versuchswege erhältlichen Wirkungsgradkurven.

Wenn bei Ermittlung von $Q\mathfrak{H}$-Kurven zugleich Kraftmessungen vorgenommen worden sind, ist es auch üblich, $Q\eta$-Kurven aufzutragen nach dem Gesamtwirkungsgrade

$$\eta = \frac{Q\mathfrak{H}\gamma}{\mathfrak{W}v_a}.$$

Solche $Q\eta$-Kurven für unveränderliches n oder v_a sind aber von den $Q\eta_h$-Kurven in Fig. 18 und 20 sehr verschieden.

Bei vollständigem Abdrosseln muß nach § 93 eine wirkliche Schwebesäule $\mathfrak{H}'$ für $Q_0 = 0$ entstehen, manometrisch meßbar. Dabei muß aber auch von der treibenden Kraftmaschine aus ein gewisses Drehmoment in die Pumpenwelle hineingeleitet werden, welches durch Lagerreibungen und sonstige Leerlaufwiderstände noch so vermehrt wird, daß ein Gesamtdrehmoment $\mathfrak{W}_0 r_a > 0$ entsteht.

Für den dem vollständigen Abdrosseln entsprechenden Gesamtwirkungsgrad gilt dann $\eta_0 = \frac{Q_0 \mathfrak{H}' \gamma}{\mathfrak{W}_0 v_a}$, so daß $\eta_0 = 0$ werden muß.

Da aber für die $Q\eta_h$-Kurve $\eta_{h_0} = \frac{1-R^2}{2}$, also für Zentrifugalpumpen stets wesentlich größer als Null ist, so wird die Verschiedenheit der auf Versuchsweg bestimmten $Q\eta$-Kurve von der berechneten $Q\eta_h$-Kurve bei ihrer Aufzeichnung im Punkte Null am auffallendsten.

Daß $\eta_0 = 0$ nach Kraftmessungen entstehen muß, bestätigt H. Lorenz:[112]) „In Wirklichkeit wird natürlich zur Überwindung der inneren Wasserreibung am Laufrad, sowie der Lagerreibung ein erhebliches Drehmoment aufzuwenden sein und der Gesamtwirkungsgrad verschwinden."

§ 98. Turbulenzgefahr in der Nähe von Punkt 0.

Die Ursache der Unerreichbarkeit des dem ideellen Anspringen entsprechenden Betriebszustandes einer Pumpe ist darin zu finden, daß in der Nähe des ideellen Anspringens stets die bekannten Turbulenzzustände auftreten müssen.

Allerdings muß hierzu bemerkt werden, daß bei Pumpen, bei welchen der Eintrittswinkel des Laufrades β_e nicht 90^0 beträgt, die Turbulenzgefahr nicht lediglich und allein in der Nähe des Punktes 0 der Charakteristikkurven besteht. Vielmehr kommt bei solchen Pumpen außer Punkt 0 hinsichtlich Turbulenzgefahr in den Charakteristikkurven noch ein zweiter Punkt in Betracht, der als „kritischer" Punkt bezeichnet werden kann. Da aber die als Ausführungsbeispiel behandelte Pumpe 182 in ihren Charakteristikkurven diesen kritischen Punkt nicht besitzt, so können die hier vorzunehmenden Erörterungen zunächst auf die dem ideellen Anspringen entsprechende Turbulenzgefahr allein beschränkt werden. Die

[112]) Zeitschrift für das gesamte Turbinenwesen, 1908, S. 474.

auf Punkt 0 der Kurven bezügliche Turbulenz wird ebenso, wie bei Pumpe 182, auch bei jeder beliebig gebauten Zentrifugalpumpe vorhanden sein.

Auf den Nachweis der Möglichkeit, auch diese Turbulenzzustände auf dem Rechnungswege mit Versuchsergebnissen zu vergleichen, kann hier noch nicht eingegangen werden, da für Pumpe 182 Leerlaufversuche nicht vorliegen.

§ 99. Bilanzgleichung für Turbulenz.

Beim Leerlauf der Pumpe kann die Umsetzung der entsprechenden wirklichen Schwebesäule $\mathfrak{H}'$ in entsprechende Raddreharbeitshöhe nur unter gewissen Arbeitsleistungen erfolgen. Auch im Turbulenzzustande werden ebenso, wie bei Wasserförderung, Arbeitsleistungen verrichtet. Zum Betriebe ist auch hier eine beträchtliche Raddreharbeit erforderlich, welche, abgesehen von Lagerreibung usw., auch rein hydraulische Raddreharbeit ist. Aus diesem Grunde muß auch für den Turbulenzzustand eine Bilanzgleichung nach den sekundlich verrichteten hydraulischen Arbeiten aufstellbar sein.

Bei Turbulenz müssen innerhalb des im gesamten Füllraum des Laufrades vorhandenen, an der Drehung des Laufrades teilnehmenden Wasserkörpers mehr oder weniger regelmäßige Strömungen in verschiedener Richtung entstehen. Die bei diesen Wirbelungen verzehrte hydraulische Arbeit kann im wesentlichen nur als Stoßverlustarbeit aufgefaßt werden.

Unter solcher Voraussetzung muß bei Untersuchung dieser Verlustarbeit davon ausgegangen werden, daß der Wasserstoß durch eine sekundlich nach Kubikmetern zu bemessende Wassermenge dauernd hervorgerufen wird. Diese Wassermenge sei Turbulenzmenge genannt und im Gegensatze zur Fördermenge Q mit Q' bezeichnet.

Wie Q' für die verschieden möglichen Turbulenzzustände nach gewissen Bedingungen berechnet werden kann, braucht hier zunächst nicht näher erörtert zu werden. Es kann genügen, wenn davon ausgegangen wird, daß für einen bestimmten Turbulenzzustand auch eine bestimmte Turbulenzmenge Q' maßgebend sein muß. Dann wird nach den für Q' gültigen hydraulischen Arbeiten die besondere Bilanzgleichung

$$Q'\gamma\mathfrak{H}'_h = Q'\gamma\mathfrak{H}' + Q'\gamma H'_{st}$$

aufstellbar sein.

In dieser Gleichung bedeutet H'_{st} die Stoßverlustarbeitshöhe, deren Arbeit $Q'\gamma H'_{st}$ sekundlich durch Turbulenz vernichtet wird.

$\mathfrak{H}'$ ist im Gegensatze zu der bei Wasserlieferung nach Q zu überwindenden Förderhöhe $\mathfrak{H}$ die für den Turbulenzzustand gültige Schwebesäule, und $\mathfrak{H}'_h$ eine zugehörige Raddreharbeitshöhe wiederum im Gegensatze zu der bei Wasserlieferung entstehenden Raddreharbeitshöhe $\mathfrak{H}_h$. Die für $\mathfrak{H}'$ und $\mathfrak{H}'_h$ gültigen Arbeitsmengen müssen ebenfalls auf die Turbulenzmenge Q' bezogen werden.

§ 100. Turbulenz beim Anlassen der Pumpe.

Die hier aufgestellte Bilanzgleichung der Turbulenz kann zunächst auf den besonderen Fall des Anlassens einer Pumpe, in deren Leitröhren keine Rückschlagventile vorhanden sind angewendet werden. Dabei sei angenommen, daß zwar die Leitröhren bis zu gewisser Höhe mit Wasser angefüllt seien, daß aber durch die in die Pumpenwelle hineingeleitete Raddreharbeit die Trägheit dieser Wassermasse zunächst noch nicht so überwunden werden könne, um Wasserlieferung zu ermöglichen.

Dann wird, entsprechend dieser hineingeleiteten Raddreharbeit, in den Leitröhren sich eine Schwebesäule $\mathfrak{H}'$ einstellen welcher das Bestreben innewohnt, in den Röhren herabzufallen. Die durch Wasserstoß hervorgerufene Turbulenzmenge Q' würde auch zunächst als sekundlich herabfallende Wassermenge anzusehen sein, so daß beim Herabfallen in den mit $\mathfrak{H}'$ gefüllten Steigröhren die sekundliche Arbeit $Q'\gamma\mathfrak{H}'$ verrichtet werden würde. Die in die Pumpenwelle hineingeleitete sekundliche Raddreharbeit $Q'\gamma\mathfrak{H}'_h$ wirkt aber wieder auf Hebung der Turbulenzmenge Q', so daß die dem Herabfallen entsprechende Arbeit durch solche Gegenwirkung unmittelbar im status nascens wieder aufgehoben ist. Bei diesen einander entgegenwirkenden Arbeitsleistungen geht dann die Stoßverlustarbeit $Q'\gamma H'_{st}$ infolge Wirbelbildungen verloren.

§ 101. Berechnungsformel der Turbulenz.

Die Turbulenzmenge Q' bestimmt sich nach Austrittsquerschnitt F_a des Laufrades und nach zugehöriger Gleitgeschwindigkeit w'_a der Turbulenzmenge Q' durch $Q' = F_a w'_a$ in gleicher Weise, wie für Wasserlieferung $Q = F_a w_a$ gilt.

Wie bei Wasserlieferung aus der in § 19 aufgestellten Bilanzgleichung $\mathfrak{H}_h = \mathfrak{H} + H_{st} + H_{lt}$ die in § 17 nach allgemeiner Funktionsform angegebene Berechnungsformel $w_a =$ $=$ funct (const, v_a, $\mathfrak{H}$) abgeleitet wurde, so muß auch fü Turbulenz aus der zugehörigen Bilanzgleichung $\mathfrak{H}'_h = \mathfrak{H}' + H'_{st}$ eine allgemeine Turbulenzformel $w'_a =$ funct (const, v_a, $\mathfrak{H}'$) ableitbar sein.

Die Berechnung der Arbeitshöhen $\mathfrak{H}'_h$ und H'_{st} muß nach der allgemeinen Theorie in derselben Weise mittels der in const enthaltenen Radfestwerte erfolgen können, wie dies für die Arbeitshöhen $\mathfrak{H}_h$ und H_{st} geschah. Danach läßt sich sofort übersehen, daß der Unterschied in den beiden Berechnungsformeln für Wasserlieferung und für Turbulenz zunächst darin besteht, daß w_a mit w'_a und $\mathfrak{H}$ mit $\mathfrak{H}'$ zu vertauschen ist.

Weiterhin aber fällt bei Turbulenz die für Wasserlieferung noch maßgebende Leitarbeitshöhe $H_{lt} = \zeta \frac{w_a^2}{2g}$ vollständig fort, so daß für Turbulenz einfach $\zeta = 0$ in die Wasserlieferungsformel eingeführt werden kann.

Ohne also die Ableitung der für Turbulenz gültigen Berechnungsformel aus der zugehörigen Bilanzgleichung nochmals vorzunehmen, ist bereits erkennbar, daß aus einer für Wasserlieferung bei einer gegebenen Pumpe gültigen Berechnungsformel auch die für Turbulenz gültige Formel einfach dadurch erhalten werden kann, daß in ersterer Formel die Vorzahl $\zeta = 0$ gesetzt und w_a durch w'_a und $\mathfrak{H}$ durch $\mathfrak{H}'$ ersetzt wird.

§ 102. Turbulenzformel für Pumpe 182.

Die für Pumpe 182 anwendbare Wasserlieferungsformel $w_a^2 (1 + \zeta) = v_a^2 (1 - R^2) - 2g\mathfrak{H}$ wurde in § 51 abgeleitet.

Um aus dieser Wasserlieferungsformel die Turbulenzformel zu erhalten, ist $\zeta = 0$ einzuführen, mit w'_a statt w_a und $\mathfrak{H}'$ statt $\mathfrak{H}$, so daß entsteht

$$w'_a = \sqrt{v_a^2 (1 - R^2) - 2g\mathfrak{H}'}.$$

In § 53 ergab sich, daß die verschiedenen Gattungen der Pumpengruppe 182 nur durch ζ sich unterscheiden. Die Pumpengattung 182 hat $\zeta = 0{,}4$. In § 68 – 71 wurden die innerhalb der Gruppe 182 nach verschiedenen ζ Werten entstehenden Gattungen hinsichtlich ihrer Charakteristik genauer durchgerechnet, und unter diesen bereits durchgerechneten Gattungen befand sich auch die für $\zeta = 0$ gültige.

Sonach sind alle für Turbulenz beim Anlassen der Pumpe 182 noch erforderlichen Bestimmungen einfach zu erhalten durch Benutzung der für Gattung nach $\zeta = 0$ bereits vorliegenden Berechnungen mit der Änderung von w_a in w'_a und $\mathfrak{H}$ in $\mathfrak{H}'$. Diese Abänderung bedingt dann weiterhin, daß bei den für Gattung nach $\zeta = 0$ durchgeführten Berechnungen folgende Ersatzwerte Platz greifen: Statt $\mathfrak{x} = \frac{v_a}{\sqrt{2g\mathfrak{H}}}$ ist zu setzen $\mathfrak{x}' = \frac{v_a}{\sqrt{2g\mathfrak{H}'}}$. Statt $\mathfrak{w} = \frac{w_a}{\sqrt{2g\mathfrak{H}}}$ ist zu setzen $\mathfrak{w}' = \frac{w'_a}{\sqrt{2g\mathfrak{H}'}}$, und statt $\eta_h = \frac{\mathfrak{H}}{\mathfrak{H}_h}$ ist zu setzen $\eta'_h = \frac{\mathfrak{H}'}{\mathfrak{H}'_h}$.

§ 103. Ideelle Turbulenz.

Bei Wasserlieferung wurde als Grenzzustand nach $Q_0 = 0$ das ideelle Anspringen bestimmt mit Wirkungsgrad

$$\eta_{h_0} = \frac{\mathfrak{H}_0}{\mathfrak{H}_{h_0}} = \frac{1 - R^2}{2}.$$

In ähnlicher Weise muß auch davon ausgegangen werden, daß die Turbulenzmenge Q' verschiedene Größen annehmen kann je nach dem Betriebszustande der Turbulenz. Auch hier wird als Grenzfall, gleichgültig ob derselbe praktisch möglich ist, die Turbulenzmenge $Q'_0 = 0$ zu setzen sein, so daß dann $\eta'_{h_0} = \frac{\mathfrak{H}'_0}{\mathfrak{H}'_{h_0}}$ entstehen muß.

Auch hier ergibt die Berechnung $\eta'_{h_0} = \frac{1 - R^2}{2}$, somit $\eta_{h_0} = \eta'_{h_0}$. Danach treffen die beiden Grenzfälle der Wasserlieferung und der Turbulenz im Punkte Null der betreffenden Kurven zusammen. Der Grenzzustand der Turbulenz kann ideelle Turbulenz genannt werden und wird praktisch ebensowenig erreichbar sein, wie bei Wasserlieferung das ideelle Anspringen.

§ 104. Veränderliche Schwebesäule bei geschlossenem Drosselschieber für Pumpe 182 bei $n = 58{,}12$.

Die Unerreichbarkeit des ideellen Anspringens und der ideellen Turbulenz kann an dem Beispiel der Pumpe 182 nachgewiesen werden für den Betriebszustand mit unveränderlichem $n = 58{,}12$ und $v_a = 6{,}726$.

In Fig. 24 ist, wie in Fig. 19, die veränderliche Förderhöhe $\mathfrak{H}$ nach w_a aufgetragen. Aus der in § 102 angegebenen Turbulenzformel läßt sich die beim vollständigen Abdrosseln entstehende, manometrisch meßbare Schwebesäule $\mathfrak{H}'$ ebenso nach der Turbulenz-Gleitgeschwindigkeit w'_a bestimmen, wie

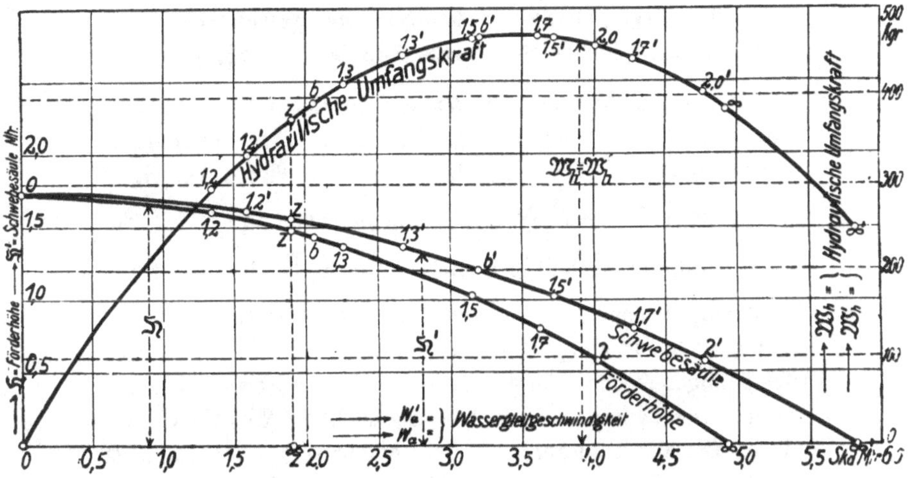

Fig. 24. Pumpe 182.

Radfestwerte $R = 0{,}5$ $\alpha_i = 90^0 = \beta_e$ $\beta_a = 166^0\,30'$ Vorzahl $\zeta = 0{,}4$

Ausführungsgrößen $\begin{cases} r_a = 1{,}105 \\ F_a = 0{,}396 \end{cases}$ $n = 58{,}12$ $v_a = 6{,}726$

$\mathfrak{H}$ nach w_a berechnet wurde. Bei solcher Berechnung kann die in Fig. 12 für $\zeta = 0$ aufgezeichnete $\mathfrak{x}\mathfrak{w}$-Kurve benutzt werden.

Die für einzelne Kurvenpunkte gültigen Werte für w'_a und $\mathfrak{H}'$ sind in Zahlentafel 5 eingetragen, und danach ist in Fig. 24 die für $\mathfrak{H}'$ als Schwebesäule gültige Kurve gezeichnet. Für gleiche w_a und w'_a Abscissen ergeben sich hier die Ordinaten

$$\mathfrak{H}' > \mathfrak{H}.$$

§ 105. Hydraulischer Drehmoment für Pumpe 182 bei $n = 58{,}12$.

Um den Übergang des Betriebszustandes bei Wasserlieferung in den beim vollständigen Abdrosseln entstehenden Turbulenzzustand zu übersehen, ist die Bestimmung des hydraulischen Drehmomentes $\mathfrak{W}_h\, r_a$ erforderlich. Dieses Drehmoment ist hinsichtlich der hydraulischen Umfangskraft $\mathfrak{W}_h$ zufolge § 66 bestimmbar nach $\mathfrak{W}_h = F_a \mathfrak{H} \gamma \frac{\mathfrak{w}}{\eta_h \mathfrak{x}}$ für die einzelnen Kurvenpunkte.

Bei der Berechnung von $\mathfrak{W}_h$ ist die in Fig. 11 aufgezeichnete $\frac{\mathfrak{w}}{\eta_h \mathfrak{x}}$ Kurve verwendbar. Die für einige Kurvenpunkte entstehenden Zahlenwerte $\mathfrak{W}_h$ sind in Zahlentafel 5 aufgenommen; danach ist in Fig. 24 die für $\mathfrak{W}_h$ gültige Kurve eingetragen.

§ 106. Hydraulisches Drehmoment bei geschlossenem Drosselschieber für Pumpe 182 bei $n = 58{,}12$.

In gleicher Art, wie für Wasserlieferung das hydraulische Drehmoment zu bestimmen ist, kann auch für vollständiges Abdrosseln das Drehmoment der Turbulenz $\mathfrak{W}'_h r_a$ berechnet werden nach $\mathfrak{W}'_h = F_a \mathfrak{H}' \gamma \frac{\mathfrak{w}'}{\eta'_h \mathfrak{x}'}$ entsprechend § 102. Bei solcher Bestimmung läßt sich auch die nach $\frac{\mathfrak{w}}{\eta_h \mathfrak{x}}$ in Fig. 16 für $\zeta = 0$ eingezeichnete Kurve benutzen. Auf diesem Wege berechnen sich für einige Kurvenpunkte die für $\mathfrak{W}'_h$ in Zahlentafel 5 angegebenen Werte, welche zu den Abscissen w'_a gehören. Die danach in Fig. 24 eingezeichnete $\mathfrak{W}'_h$ Kurve fällt mit der $\mathfrak{W}_h$ Kurve zusammen. Dies erklärt sich, wenn zunächst für Wasserlieferung folgende Gleichungen aufgestellt werden $\mathfrak{W}_h v_a = F_a w_a \gamma \mathfrak{H}_h$ und nach § 45 $g \mathfrak{H}_h = v_a (v_a + w_a \cos \beta_a)$, so daß entsteht $g \mathfrak{W}_h = F_a \gamma w_a (v_a + w_a \cos \beta_a)$. Ebenso gilt dann für Turbulenz $g \mathfrak{W}'_h = F_a \gamma w'_a (v_a + w'_a \cos \beta_a)$.

Innerhalb der Pumpengruppe 182 haben danach alle nach ζ verschiedenen Gattungen bei gleichem v_a dieselben hydraulischen Drehmomente $\mathfrak{W}_h r_a$.

§ 107. Verschiedenheit der durch Versuche ermittelten Ordinaten $\mathfrak{H}'$ im Punkte 0 der $Q\mathfrak{H}$-Kurven.

In § 94 wurde bemerkt, daß es gebräuchlich sei, bei auf dem Versuchswege ermittelten $Q\mathfrak{H}$-Kurven im Punkte 0 derselben die beim vollständigen Abdrosseln manometrisch gemessene Schwebesäule $\mathfrak{H}'$ als Anfangsordinate der Parabel aufzutragen. Im Hinblick auf Fig. 24 läßt sich über die Frage, inwieweit solche übliche Auftragung von $\mathfrak{H}'$ dem regelrechten Verlaufe der Parabel entsprechen kann, Aufschluß gewinnen.

Wird durch allmälige Verengung der Durchlaßöffnung des Drosselschiebers die Förderhöhe $\mathfrak{H}$ nach Fig. 24 vergrößert, so kann solche Verengung jedenfalls nicht in so vollkommener Weise geschehen, daß auch noch kleinste Wassermengen bis zu Null herab gemessen werden könnten. Vielmehr wird die Wassermessung schon vor Erreichung des Punktes 0 in Fig. 24 ihr Ende finden müssen.

Wird nun angenommen, daß etwa für einen Punkt z in Fig. 24 noch Q und $\mathfrak{H}$ genügend zuverlässig gemessen werden konnten, so muß von dem zu Punkt z gehörigen Betriebszustande der Pumpe aus durch plötzliches vollständiges Abdrosseln der Turbulenzzustand der Pumpe hervorgerufen werden.

Für diesen Punkt gelten die gemessene Förderhöhe $\mathfrak{H}_z$ und die nach w_{az} gemessene Wassermenge. Diesem Betriebszustande entspricht das hydraulische Drehmoment $\mathfrak{W}_{hz} r_a$ nach der $\mathfrak{W}_h$-Kurve in Fig. 24. Dieses durch die treibende Kraftmaschine in die Pumpe hineingeleitete Drehmoment muß aber bestehen bleiben, wenn plötzlich der Drosselschieber ganz geschlossen wird, so daß für den dann eintretenden Turbulenzzustand $\mathfrak{W}'_{hz} = \mathfrak{W}_{hz}$ zu setzen ist. Dem Drehmomente $\mathfrak{W}'_{hz} r_a$ entspricht in der $\mathfrak{H}'$-Kurve in Fig. 24 eine besondere Schwebesäule $\mathfrak{H}'_z$, welche nach manometrischer Messung zwar größer, als die Förderhöhe $\mathfrak{H}_z$, ausfallen, jedoch auch mit der ideellen Förderhöhe $\mathfrak{H}_0$ nicht übereinstimmen wird.

Der Punkt z, bei welchem vollständiges Abdrosseln geschieht, wird je nach Wahl des der völligen Abdrosselung unmittelbar vorhergehenden Wasserlieferungszustandes sehr verschiedene Lagen auf den Kurven annehmen. Also wird auch die manometrisch gemessene Turbulenz-Schwebesäule $\mathfrak{H}'_z$ ihrer Größe nach verschieden ausfallen.

Aus dieser an dem Beispiele der Pumpe 182 durchgeführten Betrachtung erklärt es sich, daß, wie in § 94 gezeigt wurde, in der Literatur die Angaben für die zum Punkte 0 der $Q\mathfrak{H}$-Kurven gehörige Ordinate sehr verschieden lauten.

Eine richtige $Q\mathfrak{H}$-Parabel muß mit der zu berechnenden Anfangsordinate

$$\mathfrak{H}_0 = \frac{v_a^2 (1 - R^2)}{2g}$$

aufgezeichnet werden, wie dies auch H. Lorenz[113]) bestätigt: „Bei konstanter Winkelgeschwindigkeit ergibt sich ein parabolischer Verlauf für die Förderhöhe $\mathfrak{H}$, der mit der Schwebehöhe $\mathfrak{H}_0$ beginnt. Dem entspricht eine mit einem endlichen Betrage η_{h_0} beginnende Wirkungsgradkurve."

[113]) Zeitschrift für das gesamte Turbinenwesen, 1908, S. 474 u. 475.

§ 108. Anwendbarkeit der nQ-Kurve bei Pumpe 182.

Nachdem im vorstehenden die bei Pumpenversuchen sehr häufig angewendete $Q\mathfrak{H}$-Kurve eingehender behandelt ist, kann auch die bei gleich bleibender Förderhöhe entstehende nQ-Kurve hier noch herangezogen werden. Daß auch derartige Schaubilder in der Praxis üblich sind, wurde in § 52 erwähnt.

Allerdings sind mit Pumpe 182 Versuche mit gleich bleibendem $\mathfrak{H}$ nicht vorgenommen worden. Indessen wird es trotzdem möglich sein, über die Darstellungsweise von Versuchsergebnissen mittels nQ-Kurven auch an dem Ausführungsbeispiele der Pumpe 182 einige Bestimmungen hier vorzuführen, welche allgemeinere Anwendung finden können.

Nach der in § 73 abgeleiteten, für Pumpe 182 gültigen Berechnungsformel

$$\mathfrak{H} = 0{,}0005118\, n^2 - 0{,}455\, Q^2$$

läßt sich für einen angenommenen unveränderlichen Wert $\mathfrak{H}$ die für Pumpe 182 gültige nQ-Kurve aufzeichnen. Diese Kurve wird auf der Abscissenachse mit Punkt 0 für $Q_0 = 0$ beginnen, ebenso wie die $\mathfrak{x}\mathfrak{w}$-Kurve in Fig. 5.

Für $Q_0 = 0$ entsteht

$$n_0 = 44{,}2 \sqrt{\mathfrak{H}},$$

wie schon in Zahlentafel 2 angegeben ist.

§ 109. Ableitung von nQ-Kurven aus der $\mathfrak{x}\mathfrak{w}$-Kurve.

Liegt für eine beliebig gebaute Schleuderpumpe bereits eine Charakteristikkurve nach $\mathfrak{x}$ und $\mathfrak{w}$, wie in Fig. 5 für Pumpengattung 182, vor, so kann auch für eine bestimmt angenommene Förderhöhe $\mathfrak{H}$ die zugehörige nQ-Kurve abgeleitet werden. Die Umrechnung der Koordinaten $\mathfrak{x}$ und $\mathfrak{w}$ in n und Q geschieht zufolge § 56 nach

$$n = 42{,}298 \frac{\sqrt{\mathfrak{H}}}{r_a} \mathfrak{x} \text{ und}$$

$$Q = 4{,}4294\, F_a \sqrt{\mathfrak{H}}\, \mathfrak{w}.$$

Bei Anwendung dieses allgemeinen Umrechnungsverfahrens für Pumpe 182 sind die Ausführungsgrößen einzuführen. Fig. 25 zeigt verschiedene nQ-Kurven nach $0 < \mathfrak{H} < 4$ für diese Pumpe.

Allerdings setzt solche Aufzeichnung einer Schar von nQ-Kurven voraus, daß bei Änderung der Förderhöhen die

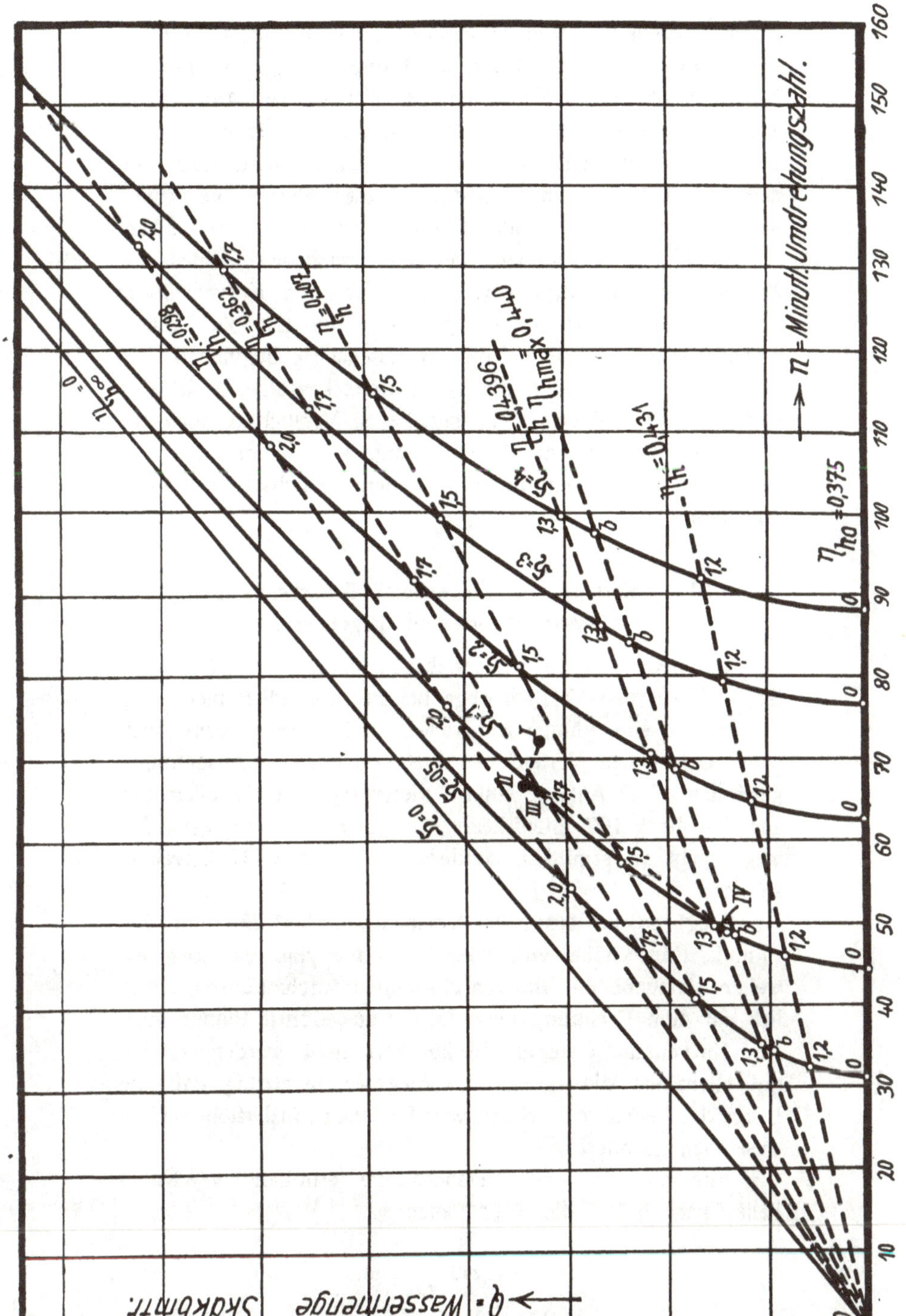
→ n = Minutl. Umdrehungszahl.
← Q = Wassermenge Skdkbmtr.
0
10
20
30
40
50
60
70
80
90
100
110
120
130
140
150
160
0,5
1,0
1,5
2,0
2,5
3,0
3,5
4,0
$\eta_{h0} = 0{,}375$
$\eta_h = 0{,}431$
$\eta_h = 0{,}396$
$\eta_{h\,max} = 0{,}440$
$\eta_h = 0{,}402$
$\eta_h = 0{,}362$
$\eta_h = 0{,}298$
$\eta_h = 0$
I
II
III
IV

durch ζ bestimmte Pumpengattung nicht ebenfalls geändert wird, daß also bei Benutzung der Pumpe für größere Förderhöhen nicht etwa auch längere Leitröhren zur Anwendung kommen, wie dies in § 27 behandelt wurde. Da die Pumpe 182 überhaupt keine Leitröhren besitzt, so wird auch die nach $\zeta = 0,4$ bestimmte Gattung dieser Pumpe bei Überwindung verschieden großer Förderhöhen ungeändert bleiben.

In Fig. 25 bestimmen die eingeschriebenen Zahlen die zugehörigen Radlaufgrade $\mathfrak{x}$. Jede dieser nQ-Kurven bildet eine Hyperbel. Für $\mathfrak{H} = 0$ ergibt sich die Asymptote dieser Hyperbeln mit $n_0 = 0$ auf der Abscissenachse beginnend.

In Fig. 25 ist auch die Versuchsstreckenfolge IV, III, II, I nach den in Zahlentafel 1 enthaltenen Versuchsangaben für n und Q eingetragen. Ebensowenig, wie in Fig. 17, läßt solche Eintragung hier die vorhandenen Versuchsabweichungen erkennen.

§ 110. Ableitung von für andere Förderhöhen gültigen nQ-Kurven aus einer gegebenen.

Für jede ausgeführte, beliebig gebaute Schleuderpumpe läßt sich auf dem Versuchswege bei unveränderlich bleibender Förderhöhe eine gültige nQ-Kurve als Hyperbel, wenn auch nicht nach vollem Verlaufe, so doch von gewisser Ausdehnung gewinnen. Der Anfangspunkt 0 dieser Hyperbel ist allerdings aus den in § 107 entwickelten Gründen auf dem Versuchswege nicht zu ermitteln, sondern muß nach § 91 berechnet werden.

Liegt solche ermittelte Versuchshyperbel für eine bestimmte Förderhöhe vor, so kann, ohne daß es nötig ist, weitere Versuche mit anderen Hubhöhen durchzuführen, lediglich auf dem Rechnungswege für die ausgeführte Pumpe auch eine Kurvenschar, wie in Fig. 25, hergestellt werden. Dabei gilt allerdings die bereits erwähnte Voraussetzung, daß die Länge der Leitröhren bei den verschiedenen Förderhöhen nicht wesentlich geändert wird.

Für die auf dem Versuchswege ermittelte nQ-Kurve gelten nach § 109 die Koordinaten:

$$n = 42,298 \frac{\sqrt{\mathfrak{H}}}{r_a} \mathfrak{x} \text{ und}$$

$$Q = 4,4294 F_a \sqrt{\mathfrak{H}}\, \mathfrak{w}.$$

Ebenso gelten für eine andere Förderhöhe $\mathfrak{H}_1$ die Koordinaten:

$$n_1 = 42{,}298 \frac{\sqrt{\mathfrak{H}_1}}{r_a} \mathfrak{x} \text{ und}$$

$$Q_1 = 4{,}4294\, F_a \sqrt{\mathfrak{H}_1}\, \mathfrak{w}_1,$$

so daß sich ergibt

$$n_1 = n \sqrt{\frac{\mathfrak{H}_1}{\mathfrak{H}}} \text{ und}$$

$$Q_1 = Q \sqrt{\frac{\mathfrak{H}_1}{\mathfrak{H}}}$$

als neue Koordinaten für eine zweite $n_1 Q_1$-Kurve.

§ 111. Ermittelung einer nQ-Kurve aus Versuchen mit verschiedenem $\mathfrak{H}$.

Bei Pumpenversuchen behufs Gewinnung einer nQ-Kurve ist es nicht immer möglich, die Förderhöhe $\mathfrak{H}$ von gleicher Größe beizubehalten. Der Oberwasserspiegel und namentlich auch der Unterwasserspiegel bleiben bei den Versuchen nicht immer unveränderlich. Dann können gemessene Werte n_1 und Q_1 nur für je eine zugehörige Förderhöhe $\mathfrak{H}_1$ gültig sein. Aber alle diese Werte n_1 und Q_1 sind nach

$$n = n_1 \sqrt{\frac{\mathfrak{H}}{\mathfrak{H}_1}} \text{ und}$$

$$Q = Q_1 \sqrt{\frac{\mathfrak{H}}{\mathfrak{H}_1}}$$

auf eine gemeinsame nQ-Kurve umrechenbar, welche für eine mittlere, aber gleichbleibende Förderhöhe $\mathfrak{H}$ gültig wird.

Nach solchem Umrechnungsverfahren kann auch die in Fig. 25 eingezeichnete Versuchsstreckenfolge IV, III, II, I so bestimmt werden, daß sie für gleichbleibende Förderhöhe, z. B. $\mathfrak{H} = 1$, gültig wird. Die auf diesem Wege in Fig. 26 aufgezeichnete Streckenfolge läßt dieselben Versuchsabweichungen erkennen, wie in Fig. 5 und 17a.

§ 112. Zwischenkurven gleicher Laufgrade in der Kurvenschar nach n und Q.

Wie in Fig. 17, können auch in Fig. 25 diejenigen Kurvenpunkte, welche für gleiche Radlaufgrade $\mathfrak{x}$ gültig sind, durch Zwischenkurven miteinander verbunden werden.

Während aber in Fig. 17 diese Zwischenkurven Parabeln darstellen, ergeben sich in Fig. 25 gerade Linien, welche sämtlich im Punkte 0 für $n_0 = 0$ zusammentreffen.

E. Reichel hat diese Zwischenlinien „Linien gleichen Zustandes" genannt und sagt dazu, „im Qn-Diagramm sind sie angenähert gerade Linien, die nach dem Nullpunkt des Systems laufen."[114])

Für jede dieser geradlinigen Zwischenkurven gilt ein und derselbe hydraulische Wirkungsgrad η_h.

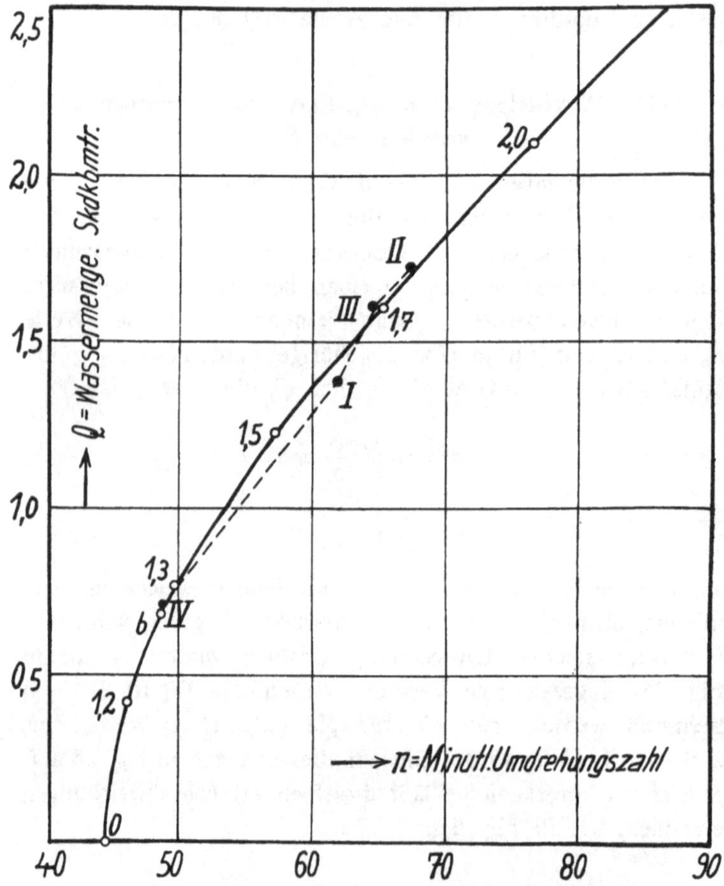

Fig. 26. Pumpe 182

Radfestwerte $R = 0{,}5$ $\alpha_l = 90^0 = \beta_e$ $\beta_a = 166^0\,30'$ Vorzahl $\zeta = 0{,}4$

Ausführungsgrößen $\begin{cases} r_a = 1{,}105 \\ F_a = 0{,}396 \end{cases}$ Versuche I bis IV. $\mathfrak{H} = 1$.

---

114) Zeitschr. f. d. ges. Turbw., 1908, S. 123.

§ 113. Ermittelung einer $Q\mathfrak{H}$-Kurve aus einer gegebenen nQ-Kurve.

Aus den hier für nQ-Kurven und in § 72 bis 81 für $Q\mathfrak{H}$-Kurven abgeleiteten Beziehungen ergeben sich weitere Folgerungen, wonach es möglich ist, wenn für eine ausgeführte Pumpe eine dieser Kurven auf dem Versuchswege hergestellt ist, auch die andere Kurvenart auf dem Zeichnungs- und Rechnungswege danach zu ermitteln. Dieses Ermittelungsverfahren kann hier an dem Beispiele der Pumpe 182 vor-

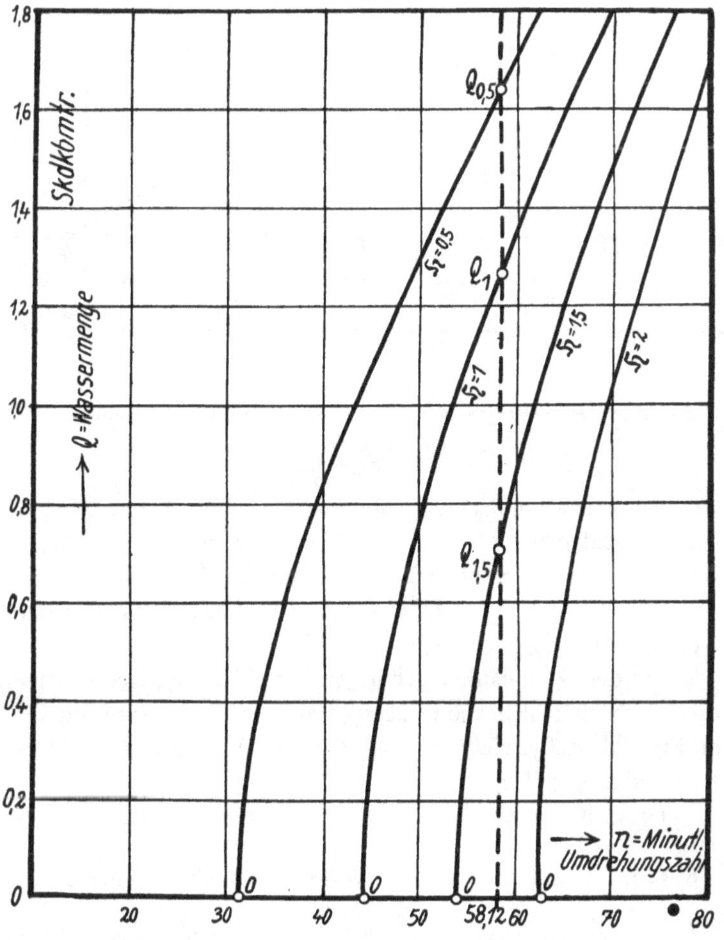

Fig. 27. Pumpe 182.

Radfestwerte $R = 0{,}5$ $\alpha_i = 90^0 = \beta_e$ $\beta_a = 166^0\,30'$ Vorzahl $\zeta = 0{,}4$

Ausführungsgrößen $\begin{cases} r_a = 1{,}105 \\ F_a = 0{,}396 \end{cases}$ $0{,}5 < \mathfrak{H} < 2$

geführt werden und zwar zunächst hinsichtlich Umwandlung einer nQ-Kurve in eine $Q\mathfrak{H}$-Kurve.

Angenommen, es sei aus Versuchen die für $\mathfrak{H} = 1$ gültige nQ-Kurve nach Fig. 26 bekannt, so kann nach dem in § 110 entwickelten Umrechnungsverfahren eine Kurvenschar nach verschiedenen anderen Förderhöhen, z. B. 0,5 und 1,5 und 2 Meter usw. hergestellt und, wie in Fig. 27 geschehen, aufgezeichnet werden. Um aus dieser Kurvenschar eine für

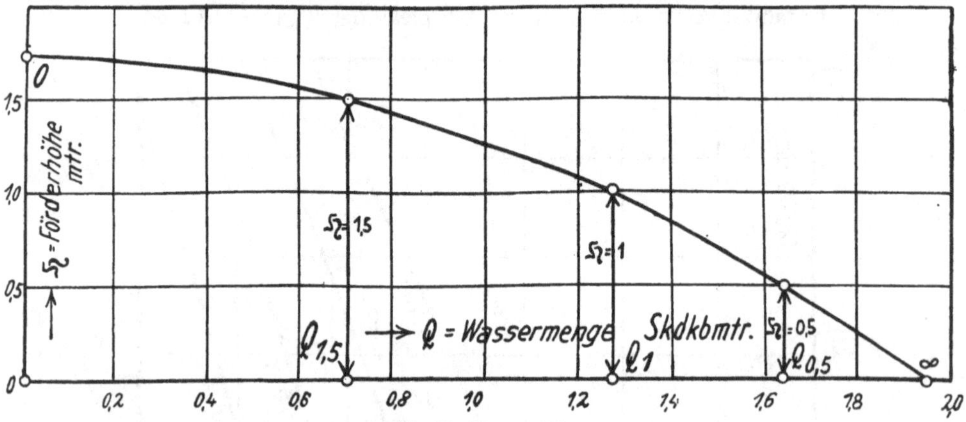

Fig. 28. Pumpe 182.

Radfestwerte $R = 0{,}5$ $\alpha_i = 90^0 = \beta_e$ $\beta_a = 166^0\,30'$ Vorzahl $\zeta = 0{,}4$

Ausführungsgrößen $\begin{cases} r_a = 1{,}105 \\ F_a = 0{,}396 \end{cases}$ $n = 58{,}12.$

gleichbleibende Umdrehungszahl, z. B. $n = 58{,}12$, gültige $Q\mathfrak{H}$-Kurve abzuleiten, wird auf der Abscissenachse für $n = 58{,}12$ eine Ordinate errichtet, welche die verschiedenen Kurven in den zu $\mathfrak{H} = 1{,}5$, $\mathfrak{H} = 1$, $\mathfrak{H} = 0{,}5$ usw. gehörigen Punkten $Q_{1,5}$, Q_1 und $Q_{0,5}$ schneidet.

Mit den zu einander gehörigen verschiedenen Koordinaten Q und $\mathfrak{H}$ läßt sich dann nach drei oder mehr Punkten die in Fig. 28 aufgezeichnete, für $n = 58{,}12$ gültige $Q\mathfrak{H}$-Kurve als Parabel erhalten.

Diese Kurve muß mit Fig. 17a übereinstimmen.

§ 114. Ermittelung einer nQ-Kurve aus einer gegebenen $Q\mathfrak{H}$-Kurve.

In gleichartiger Weise kann auch eine gegebene $Q\mathfrak{H}$-Kurve benutzt werden, um daraus eine nQ-Kurve für gleichbleibende Förderhöhe abzuleiten, wie wiederum an dem Beispiele der Pumpe 182 zu zeigen ist.

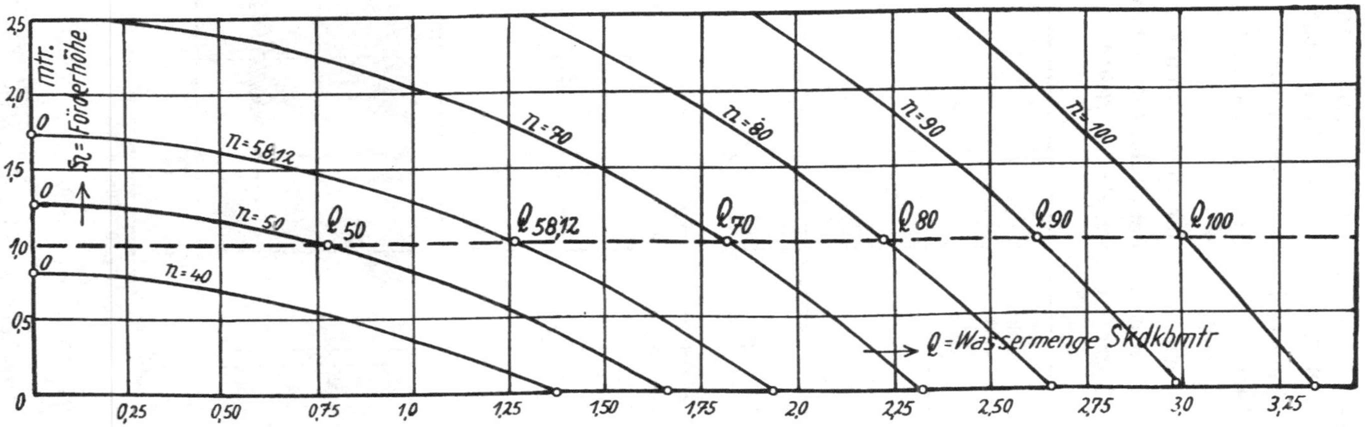

Fig. 29. Pumpe 182.

Radfestwerte $R = 0{,}5$ $\alpha_l = 90^0 = \beta_e$ $\beta_a = 166^0\,30'$ Vorzahl $\zeta = 0{,}4$

Ausführungsgrößen $\begin{cases} r_a = 1{,}105 \\ F_a = 0{,}396 \end{cases}$ $40 < n < 100.$

Angenommen, es sei nach Versuchen die für $n = 58{,}12$ gültige $Q\mathfrak{H}$-Kurve, wie in Fig. 17a, ermittelt worden, so kann nach dem in § 78 angegebenen Umrechnungsverfahren zunächst eine Kurvenschar nach verschiedenen anderen Umdrehungszahlen hergestellt und, wie in Fig. 29 für $40 < n < 100$ dargestellt, aufgezeichnet werden.

Soll nun eine z. B. für $\mathfrak{H} = 1$ gültige nQ-Kurve hergestellt werden, so ist für die Ordinate $\mathfrak{H} = 1$ in Fig. 29 eine mit der Abscissenachse Parallele zu ziehen, welche die ver-

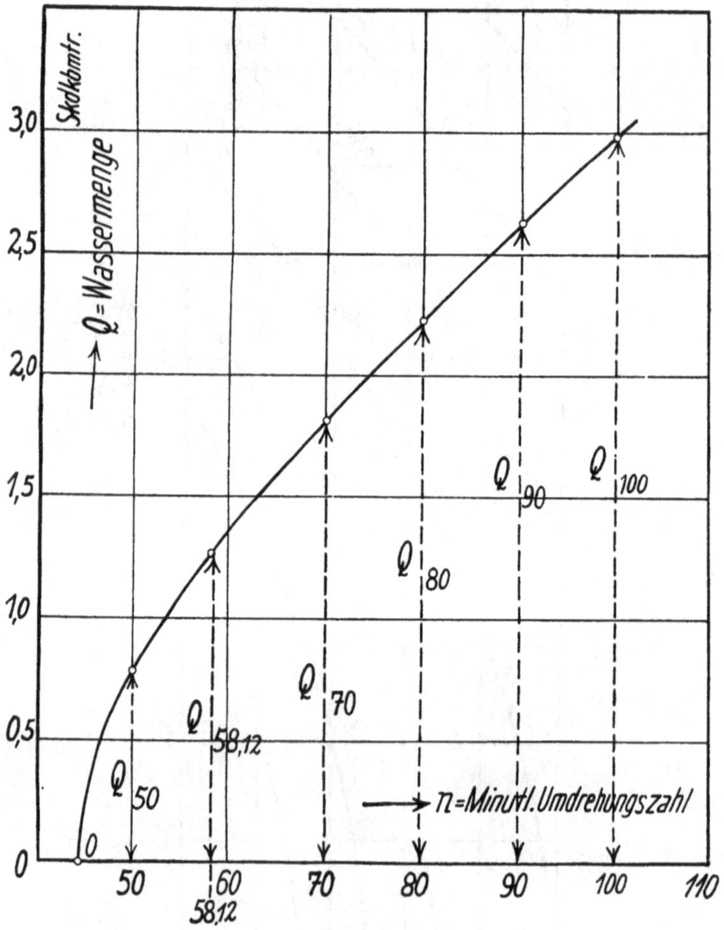

Fig. 30. Pumpe 182.

Radfestwerte $R = 0{,}5$ $\alpha_i = 90^0 = \beta_e$ $\beta_a = 166^0\,30'$ Vorzahl $\zeta = 0{,}4$

Ausführungsgrößen $\begin{cases} r_a = 1{,}105 \\ F_a = 0{,}396 \end{cases}$ $\mathfrak{H} = 1.$

schiedenen Kurven in den Punkten Q_{50}, $Q_{58,12}$, Q_{70}, Q_{80}, Q_{90} und Q_{100} schneidet.

Mittels der für diese Schnittpunkte gültigen Werte von Q als Ordinaten und den zugehörigen n-Werten als Abscissen läßt sich dann die in Fig. 30 aufgezeichnete nQ-Kurve als Hyperbel herstellen, welche mit Fig. 26 übereinstimmen wird.

§ 115. Aufzeichnung von Schaubildern nach einzelnen Pumpenversuchen.

Nach solchen Ermittelungsverfahren ist es sonach überhaupt möglich, für eine ausgeführte Schleuderpumpe, falls nur einige genaue Versuche behufs Festlegung zusammen gehöriger Werte von Q, $\mathfrak{H}$ und n vorliegen, alle weiteren Fragen über die Wasserlieferung dieser Pumpe bei beliebigen anderen Werten von $\mathfrak{H}$ und n zu beantworten. In erster Linie kann dazu die Charakteristikkurve, wie sie für Pumpe 182 in Fig. 5 ermittelt wurde, dienen. Soll dann weiterhin festgestellt werden, welche Veränderung in der Wasserlieferung bei gleichbleibender Förderhöhe oder bei gleichbleibender Umdrehungszahl eintreten wird, so sind auch bezügliche nQ- und $Q\mathfrak{H}$-Kurven aufstellbar.

Allerdings muß bezüglich dieser Umrechnungen und Umzeichnungen wiederholt betont werden, daß die nach ζ bestimmte Gattung der Pumpe unveränderlich bleiben soll. Werden aber bei verschiedenen Förderhöhen die Anordnung und Längen der Leitröhren abgeändert, so bieten auch die in § 27 und 28 gepflogenen Erörterungen im Vereine mit den in § 68 nach Fig. 12 gegebenen Bestimmungen dem Praktiker immerhin einen gewissen Anhalt, um den Einfluß der geänderten Vorzahl ζ auf die Wasserlieferung für eine bestimmte Pumpengruppe entsprechend abzuschätzen.

Derartige Bestimmungen sind sonach selbst dann durchführbar, wenn für die untersuchte Pumpe die nach Radfestwerten aufstellbare Berechnungsformel, wie sie in § 51 für die Pumpengruppe 182 abgeleitet wurde, gar nicht vorliegt.

Druck von Rosenthal & Co., Berlin SO., Rungestr. 20

Kolibri 360 GmbH
Ferdinand-Jühlke-Straße 7
99095 Erfurt, Deutschland
produktsicherheit@kolibri360.de